京师青年艺术论丛　黄会林　胡智锋　王宜文　主编

虚拟现实影像的用户心理研究

丁妮　著

中国国际广播出版社

图书在版编目（CIP）数据

虚拟现实影像的用户心理研究 / 丁妮著. —北京：中国国际广播出版社，2022.11

ISBN 978-7-5078-5236-3

Ⅰ. ①虚… Ⅱ. ①丁… Ⅲ. ①虚拟现实－用户－应用心理学－研究 Ⅳ. ①TP391.98-05

中国版本图书馆CIP数据核字（2022）第197967号

虚拟现实影像的用户心理研究

著　　者	丁　妮
责任编辑	聂俊珍
校　　对	张　娜
版式设计	邢秀娟
封面设计	赵　恬　赵冰波
出版发行	中国国际广播出版社有限公司［010-89508207（传真）］
社　　址	北京市丰台区榴乡路88号石榴中心2号楼1701 邮编：100079
印　　刷	天津市新科印刷有限公司
开　　本	710×1000　1/16
字　　数	190千字
印　　张	12.25
版　　次	2023 年 6 月　北京第一版
印　　次	2023 年 6 月　第一次印刷
定　　价	38.00 元

本书系教育部人文社会科学研究青年基金项目“虚拟现实环境中全视角视觉注意影响因素研究”（项目编号：20YJCZH017）、国家社科基金艺术学重大项目“中国数字新媒体艺术创新研究”（项目编号：18ZD12）的阶段性成果。

序 言

黄会林 胡智锋 王宜文

《京师青年艺术论丛》即将推出，这是北京师范大学艺术研究领域青年学者和学子们创新成果的汇集，中国的艺术学科迎来了一群朝气蓬勃的年轻人，他们也带来了新鲜的活力、锐气和探索精神。祝贺这些成果和这些年轻人的出现，并期待本论丛推进中国艺术学科的学术研究和科学进步。在丛书即将问世之际，我们认为，有必要对中国的艺术学科所面临的新环境、新挑战与未来发展前景等做一点探究，同时，也对包括本论丛在内的京师艺术研究学派自身的发展脉络、宗旨、特征等进行一下梳理与探索。

中国艺术学科面临的新环境

世界格局在过去几百年间实际上是由西方主导的。西方经由文艺复兴这场文化革命解放了人，又经过工业革命解放了生产力，积累了人类历史上超过过去几千年的财富总和，再经过近代 19、20 世纪的社会运动——从法国大革命、英国大革命直到美国大革命之后带来的社会革命——解放了生产关系，建构了现代西方的政治体系、社会体系和文化体系。

这个较为完整的政治、经济、社会、文化体系百余年来一直在主控着人类社会。以二元对立哲学为主建构起来的西方文化影响着全世界，在价值观、思维方式和生活方式等方面深刻影响着人类社会。

这个状态从 19 世纪以来就一直在东西方的冲撞之中蔓延着。作为拥有数千年文化沉淀的东方大国，中国一直试图调整并改变这种状态。但近代以来的中国，经济、政治、文化处于全面衰弱状态，直到中华人民共和国成立才开始了独立自主的进程。经过70年的努力，特别是改革开放40多年来的努力，中国实现了从站起来、富起来到强起来的伟大转折。

2012年，中国第一次在经济总量上超过了日本，成为世界第二大经济体。有人预测，用不了多少年，中国将超过美国，成为世界第一大经济体。更有观点认为，中国已经成为世界经济的火车头。一方面，我们可以看到，这些成就让中国人的百年屈辱得以洗刷，使长期在西方体系压制下被压迫、被剥夺、被歧视的民族屈辱得以洗刷；另一方面，我们又必须清醒地看到，西方体系依然强势地主导着世界，特别是在文化上，也就是我们所说的“文化软实力”。在经济硬实力的快速发展中，我们越来越感觉到自身在文化软实力上相对太软，无法与快速发展、增长的经济硬实力相匹配。诚然，我们的硬实力，如各种经济指标，确实为世人所认可、所羡慕；但与此相应，我们的价值观、审美观等文化软实力是否能与硬实力相匹配，这无疑是摆在我们面前的令人警醒的重大问题。

我们认为，中华文化只有表现出足够的魅力和丰富的内涵，才能真正让世界敬佩。艺术作为当今世界最为直观、生动的文化载体和传媒载体，它在文化创造、文化交流和传播方面，毫无疑问扮演着举足轻重的角色。或者说，艺术对于中国文化软实力的提升将扮演极其重要的角色。艺术学科在面临国家文化软实力提升的新环境之下，理应在战略层面有更大的抱负——努力在学科建设的宗旨、目标、方向和规划中，以全球化的视野打造新全球化环境，彰显中华文化魅力与特色的学科内涵，并为中国文化提升提供基础性和战略性的支撑。

中国艺术学科面临的新挑战

“双一流”建设无疑是中国高等教育目前发展的主旋律。北京师范大学的艺术学科，特别是戏剧与影视学科在“双一流”建设中，也获得了前所未有的机遇。但艺术学科在“双一流”建设的语境中，到底应当呈现出怎样的格局与面貌呢？

至少有以下五个层面值得思考。第一，从整体的学科布局看，艺术学科点在总量上应当有怎样的规模，在区域上应当有怎样的布局；第二，在人才培养层次上，本科、硕士、博士的学位点在设置中，应当有怎样的比例；第三，在学术研究上，应当达到怎样的水准；第四，在整体质量上，应当达到怎样的标准；第五，在与国际同行的竞争与对比中，应当体现出怎样的优势与特色。这些都是艺术学科在“双一流”建设中所面临的亟须回应与解决的重要问题。在新环境中，艺术学科就目前国家需求、行业需求、学术发展需求等而言，确实还存在诸多不足。无疑，在师资队伍、学科体制、学术水平、培养体系、文化传承与创新等方面，我们将面临诸多新的挑战。

目前，艺术学科在服务国家、行业以及学科等方面能力有限。对于国家在艺术发展方面的宏观规划，我们能提供多少有价值的战略性咨询？对于艺术行业发展的迫切需求，我们能拿出多少有用的应用性对策？对于学科的自身发展，我们能拿出多少有价值的回应？而在艺术基础性研究中，又能有多少新领域、新观点、新方法、新范式做出相应的贡献？在与全球艺术同行的对比中，我们又能拿出多少具有中国特色，同时具有国际影响力的作品与学术成果？这些都是艺术学科在“双一流”语境中需要发力的空间与面临的挑战所在。

伴随国际文化交流的不断加强，艺术学科在文化传承与创新中理应发挥更为重大的作用。譬如艺术对于中华文化的传承，包括中华文化所延伸的民族精神、价值观等的传承，扮演着怎么样的角色，以及艺术学科对于当代中国文化的建设，又应发挥怎样的作用、贡献，等等。这些都是目前摆在我们学科面前的挑战，需要不断梳理、探究，并找准方向，努力奋进。

中国艺术学科发展的新对策

在新环境中，鉴于中国艺术学科所面临的新挑战，我们有以下三点思考。

（一）人文性

中国艺术学科的发展，一方面要看到巨大的时代性机遇，另一方面更要意识到即将面临更巨大的挑战。要怎样去发展，或用什么样的理念去发展，首先离不开强化人文性，这是一个价值功能和价值属性的问题。

中华人民共和国成立以来，虽然在艺术研究的民族化方面有了一些重要的成功探索，但我们在学科建设上更多接受的是西方的影响。对于这些影响，一方面，我们要肯定其技术与文化价值；另一方面，其折射出的价值观，如种族歧视、文化歧视等，比比皆是，对我们学科甚至我国的文化建构产生了负面影响，这是一个令人担忧的问题。我们要清醒地看到，技术背后的文化质素是更深层的、更厚重的存在，这也是艺术学科在价值观、价值体系的建构中应当具有的更强的文化自信和文化自觉。把中华文化的优秀传统融入有中国特色的艺术学科建设当中，这一点我们要大张旗鼓地鼓励与呼吁。

（二）科学性

在新环境与新挑战的共同影响下，中国艺术学科的发展对策离不开科学性的建构。科学性包括两个方面的理解。首先，是尊重专业规律。譬如，戏剧与影视学科在创作和传播中都有自身的规律，如电影、电视有其自身的规律，戏剧、戏曲有其自身的规律，而这些规律中的技术规范、创作规范、传播规范等，需要从专业视角加以尊重，这是艺术学科科学性发展的第一个内涵。其次，是尊重逻辑性。在艺术学科的内部构建中，本科、硕士、博士不同培养层次存在不同的逻辑性，而在每一个层面中，专业和通识教育、技术和理论教育等都存在比重问题、手段问题、实施问题。这些涵盖内在逻辑的问题，需要我们去挖掘探索。又如学科中的理论与实务、艺术与技术、创作与传播等，它们之间的比重与衔接所蕴含的逻辑性关系也需要进一步厘清。

（三）创新性

在人文性、科学性的基础上，艺术学科的发展更应该有勇气去大胆创新，此即本书在新对策方面所强调的创新性。

从学科外部来看，全世界没有一个固有模式决定必须通过什么样的路径去发展；从学科本身而言，其艺术性的内蕴也折射出各种各样的可能性。因此，每一个学科中的专业都具有其创新的空间。例如，开设艺术学科的有综合性大学、工科大学、文科大学、师范类大学、专业类艺术院校等，不同的学校、学院对于艺术人才的培养理念、路径等会存在不同，但正是这种差异给我们的创新提供了巨大空间。所以，在面向世界的艺术学科的建构中，每个学校、学院、学科点都完全可以结合自身的实际，利用自身优势，在差异化中创建自身特色。

我们认为，艺术学科发展的具体创新模式有以下三点：第一，在传承中创新，弃旧更新。要在新环境中充分吸纳历史经验，结合新的时代需求，做重新整合。第二，敢于进行创新创造，敢于立论。要根据国家、行业、教育发展提出新的需求，并积极创建新的学科、新的专业、新的方向、新的课程、新的教育内容与新的社会服务模式等。第三，广泛借鉴与整合。要通过对传统文化、国际同行的不断借鉴学习、汲取精华，并结合中国艺术学科的发展特色，整合出新的学科发展经验。

通过对人文性、科学性、创新性的把握，沿着中国特色、时代特色和行业发展需求谋篇布局，规划设计形成新的教育模式、科研模式和社会服务模式等，我们将会把艺术学科发展推进到新的境界。

艺术研究京师学派的历史传承与建构

北京师范大学是一所底蕴深厚的百年老校，是中国现代高等艺术教育的发祥地之一，也一直是中国艺术研究领域的重镇。目前的艺术与传媒学院将传统艺术与现代传媒的诸种学科有机结合，在别的高校不断切分学院和学科的情况下，北京师范大学实现了二者的奇妙融合，形成了一种交叉性优势。北京师范大学始终秉持人文性、综合性、复合性的理念，与专业院校相比，一方面，彰显出传承中华优秀文化、体现中华文化魅力和中国东方审美气质的人文性追求；另一方面，展现出百年老校综合性大学多学科交叉以及艺术多学科融合的双综合优势（艺术与传媒学院有影视、音乐、美术、舞蹈、数字媒体、设计、书法及艺术学等全覆盖的艺术传媒学科），凸显出综合性大学艺术学科的特色与优势。诸多年轻学子、年轻教师就是在这样的包容共享的环境中成长起来，彼此砥砺前行。思想的火花、创新的构思，不断闪现在这片积淀深厚又年轻活跃的园地，使北京师范大学的学术研究始终保持朝气和活力，接纳来自这些年轻学人的源头与活水。

我们积极倡导和构建艺术研究的“京师学派”，核心主旨就是在学术研究过程中强调对民族化、中国化的密切关注。我们认为，应当以中国美学的独特视角去研究中国艺术现象，既吸收世界艺术的精华，又坚持中国文化的民族性，实现中国美学与西方美学在中国当代艺术实践中的融合。只有这样，我们才能创造出具有现代意识与民族风格的艺术作品，建立起当代艺术研究的中国学派。

我们期待，通过不断的努力，让包括《京师青年艺术论丛》这些年轻学子的科研创新，逐渐形成特色鲜明的京师艺术研究学派。我们期待这套丛书能够为京师艺术学派的建设和中国艺术学科的发展做出独特的贡献。

自　序

丁　妮

本书是国内首部采用心理学视角系统分析虚拟现实（Virtual Reality，VR）影像的学术专著，从技术原理、影像艺术创作、方法论、基本心理机制等多个角度揭示了虚拟现实影像这一新兴数字媒介与用户之间的紧密联系。VR影像是一种新兴的交互媒介，从技术开发到内容创作，再到作品体验和用户反馈，与用户体验、心理与行为有着密切联系。

第一章对虚拟现实技术的基本概念进行了阐述，介绍了虚拟现实技术的发展历程、核心原理，对VR媒介的三个关键特征——沉浸感、在场感和交互性进行了分析和总结。

第二章以全视角媒介VR影像为核心主题进行了多维度的分析与总结，首先，对VR影像国内外发展现状进行了调研和总结；其次，从叙事特征、创作特征和节奏特征等角度对VR影像的内在属性进行了分析，分析VR影像作为一种新兴数字媒介所具备的独特性。

第三章从方法论的角度概述VR媒介的用户心理研究，不仅对基本心理成分进行了简要介绍，且概要介绍了心理科学研究中常用的研究方法，包括量表和问卷调查、行为分析及脑功能技术等，并从行为和脑功能机制两个层面对近十年来VR心理研究进行了总结与分析。

第四章到第六章，对VR影像用户心理的三个重要研究领域进行了讨论和分析，不仅从应用层面探讨VR影像的用户体验，基于实证调查构建了VR影像用户体验的三维分析模型，而且从内在心理机制层面，探讨了VR影像的情绪加工机制和认知加工机制。在情绪加工方面，通过对情感加工、情绪体验和情感表达的研究，深入探讨了VR影像对用户情感的调节和影响；在认知加工方面，通过对认知过程、注意力分配、记忆表征等心理现象的研究，探讨VR影像如何塑造用户对环境、对象和信息的感知和理解。

本书从学科方法论、理论分析、实证调查研究等不同层面对VR影像用户心理研究进行了深入探讨和分析，是一部融合了心理学、戏剧影视学、数字媒体技术、传播学、脑科学等跨学科视角的学术专著，不仅从理论层面对VR影像的用户心理进行了深入思考和分析模型的建构，而且采用实验心理学研究方法开展了一系列实证研究探讨VR影像与用户在情绪加工、认知加工方面的交互作用。

从心理学角度研究VR影像具有非常重要的价值和意义。心理学的研究可以帮助我们理解和解释人们在虚拟现实环境中的感知、注意、记忆、情绪和行为等心理过程。通过深入研究这些心理过程，我们可以更好地设计和优化VR交互影像，以提供更具沉浸感和引人入胜的体验。心理学的研究还可以帮助我们了解虚拟现实对人类认知和情感的影响。通过研究虚拟现实对注意力、学习、决策和情绪等方面的影响，我们可以更好地理解虚拟现实技术的潜力和限制，开发出更有效的教育、治疗和训练应用。

2023年6月17日

目　录

前　言

数字时代的悄然到来，掀起当代社会思维方式、社交方式、生活方式的变革，VR 技术就在这样的时代背景下应运而生了。从台式计算机到平板电脑，从移动互联网到物联网，互联网不断颠覆自身，数字媒体技术与艺术的能指与所指持续流变。数字媒体借由媒介形式变化的表象，从庙堂之高到江湖之远，从阳春白雪到下里巴人，对社会的经济、文化、政治等多方面产生了不可忽视的影响。数字媒体已经成为人类生活的重要部分，探讨新数字媒体对人类心理、行为的影响是很重要的课题。

自 2016 年虚拟现实元年伊始，新时代的数字媒体浪潮再次来袭，虚拟现实已成为横跨互联网产业和泛娱乐产业、科技界和资本界的一颗璀璨新星，VR 技术无疑催生了电影行业的又一轮革新。VR 技术与电影的结合成为虚拟现实内容创作领域的一个重要突破口，并预示着电影创作一个新时代的开启。从 2D 到 3D，再到VR，每次电影技术的革新都为电影的创作手法开辟出新的疆域，给观众带来全新的观影体验。相比传统银幕电影，VR 影像将观众置于故事场景中，使体验者进入某个接近真实或想象的虚拟场景中，产生强烈、真实的情感体验。VR 影像给人们带来全新观影体验的同时，在制片方式、内容结构和观赏形式等各方面都呈现出独特景观，颠覆着传统电影的创作观念和叙事逻辑，对电影原有的视听语法、拍摄手段和制作工序提出了很多新的挑战。

VR 技术是一种最终以人的感知觉效果为评价标准的仿真技术，如VR 头显（头戴式显示器）中的透镜正是基于人类的深度视觉感知，在用户大脑视觉系统中形成一个虚拟现实视场。不论是影像研究，还是实验心理学研究，与新兴的VR 技术相结合，都是极具发展前景的交叉学科研究领域。采用心理学的科学研究方法和技术，从心理学和艺术的跨学科视角，对VR 新媒介下的用户心理进行多层面、多角度的实证研究，对于揭示虚拟现实媒介与用户之间复杂的互动关系有着重要价值。

第一章　虚拟现实概述

第一节　虚拟现实技术

虚拟现实是一种允许用户与计算机模拟环境进行交互的技术，无论该环境是真实世界的模拟还是虚拟世界的模拟。它是体验、感受和触摸过去、现在和未来的关键。它是创造我们自己的世界、定制我们自己的现实的媒介。它的范围可以从创建一个视频游戏到在宇宙中虚拟漫步，从走进我们自己梦想的房子到体验在外星球上的探索。有了虚拟现实，我们可以通过安全的游戏和学习的视角来体验最令人恐惧和紧张的情况①。

一、虚拟现实概念

关于虚拟现实有一些常用的概念和术语，如克鲁兹-内拉（Cruz-Neira）认为虚拟现实是指身临其境的、交互式的、多感官的、以观众为中心的、由计算机生成的三维环境，以及建造这些环境所需的各种技术的结合。华盛顿大学人机界面技术实验室研究员杰里·普洛特罗（Jerry Prothero）认为："用技术术语来说，虚拟现实可以被定义为一组输入设备，这些设备刺激我们的大部分感官输入通道，例如，通过提供广阔的视野和立体声。用心理学术语来说，它可以被定义为一种感觉刺激，给人一种置身于计算机生成的空间的感觉。"尽管这些定义之间存在一些差异，但它们在本质上是相同的。它们都意味着VR是一种在模拟（自主）世界中的交互式、沉浸式（有临场感）体

① MANDAL S. Brief introduction of virtual reality & its challenges［J］. International journal of scientific & engineering research，2013，4（4）：304-309.

验[①]。VR技术通过语音识别、触觉反馈、手势识别、眼动追踪、动作捕捉等方式使得用户在虚拟现实场景中可以实现多通道的交互操作[②]。

二、虚拟现实技术的发展

VR始于20世纪，最开始用于军工用仿真器的产品研发，于21世纪扩展到民用型的动画场景，自此又拓宽到视频、社交媒体和课堂教学等领域。VR技术不仅应用在教育、医疗等领域，而且和电影、游戏、当代艺术有着更为直接的互动关系[③]。VR技术的发展经历了多个阶段（图1-1）。第一个阶段是1935—1961年，这是VR概念的萌芽期，VR的概念首次在斯坦利·G.温鲍姆（Stanley G. Weinbaum）的科幻小说中提出。第二个阶段是1962—1993年，随着第一代VR设备Sensorama的出现，VR开始应用于军方的模拟飞行训练中，以美国为首的发达国家对VR技术的应用较早，从军方训练用系统到商品展示，从实验短片到叙事短片，VR行业整体发展较快，普及率相对较高，持续推动VR向大众视野迈进。第三个阶段是1994—2015年，产品开始迭代更新，出现了Sega VR-1和Virtual Boy等新产品。第四个阶段是2016—2017年，VR行业进入爆发成长期，Facebook（脸书）收购Oculus带来的VR热潮刺激了科技圈和资本市场，三星、谷歌、索尼、HTC等巨头也相继推出VR设备开发计划，催生了2016年VR元年的出现，但市场发展仍处于初期阶段。第五个阶段是从2018年至今，随着VR硬件市场的成熟、资本市场的引导、优质作品的丰富化，VR热度重现，总体呈现出稳步增长的趋势。VR硬件设备出货量已逼至千万级别，VR技术及大众消费条件越发成熟，VR行业发展趋势也逐渐从C端（Consumer）向B端（Business）延伸（图1-2）。

---

① ZELTZER D. Autonomy，interaction，and presence［J］. Presence：teleoperators and virtual environments，1992，1（1）：127-132.

② 徐小萍，吕健，金昱潼，等. 用户认知驱动的VR自然交互认知负荷研究［J］. 计算机应用研究，2020，37（7）：1958-1963.

③ 张强. 空间再造：VR电影的跨媒介实践［J］. 当代电影，2018（8）：124-126.

1935—1961 概念萌芽期

1935 年，小说家温鲍姆在小说中描述了一款VR 眼镜，以眼镜为基础，包括视觉、嗅觉、触觉等全方位沉浸式体验的虚拟现实设备，该小说被认为是世界上率先提出虚拟现实概念的作品

1962—1993 研发与军用期

1962 年，名为Sensorama 的虚拟现实原型机被莫顿·海里格（Morton Heilig）研究出来，后来被用于以虚拟现实的方式进行模拟飞行训练

1994—2015 产品迭代初期

1994 年开始，日本游戏公司Sega 和任天堂分别针对游戏产业陆续推出Sega VR-1 和Virtual Boy 等产品，设备成本高，内容应用水平一般，未达到普及

2016—2017 产品成型爆发期

随着Oculus、HTC、索尼等一级大厂多年的付出与努力，VR 产品在 2016 年迎来了一次大爆发。产品更加轻便，内容体验也有了较大提升，VR 行业进入爆发成长期

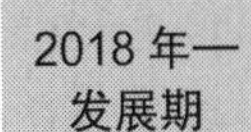

随着VR 硬件市场的成熟、资本市场的引导、优质作品的丰富化，VR 热度重现，总体呈现出稳步增长的趋势

图 1-1　虚拟现实技术的发展阶段

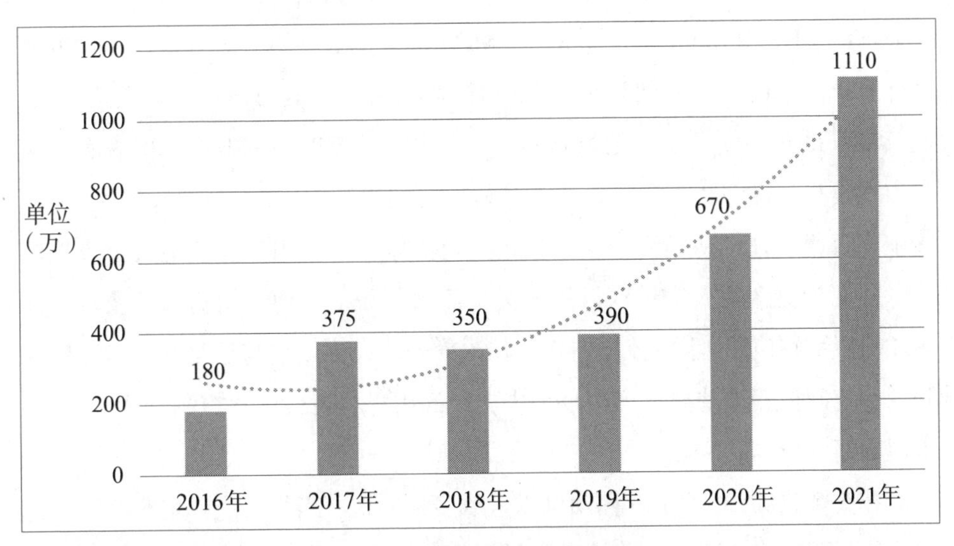

图 1-2　全球VR 硬件设备出货量

第二节　虚拟现实系统类型

VR 眼镜一般都是“透镜+ 屏幕”的成像方式，透镜在眼前 2—3 厘米处，屏幕距透镜 3—6 厘米，虚像成像在眼前 25—50 厘米处。在VR 系统中，双目立体视觉起了很大作用。用户的两只眼睛看到的不同图像是分别产生的，显

示在不同的显示器上。有的系统采用单个显示器，用户戴上特殊的眼镜后，一只眼睛只能看到奇数帧图像，另一只眼睛只能看到偶数帧图像，奇数、偶数帧之间的不同即视差就产生了立体感。在人造环境中，每个物体相对于系统的坐标系都有一个位置与姿态，而用户也是如此。用户看到的景象是由用户的位置和头（眼）的方向来确定的。尽管在虚拟现实研究领域存在着大量的技术差异，但大多数虚拟现实系统都属于这三种类型：（1）头戴式VR；（2）桌面式VR；（3）模拟器VR。[①]

一、头戴式VR

头戴式VR 是目前主流的VR 产品，其特点是使用专门的观看设备。头戴式显示器（Head-Mounted Display，HMD）被放置在头部，并在眼睛正前方显示计算机生成的图像。同时，HMD 检测对象的头部运动，以更新视觉信息，使其与头部转动的角度和速度保持一致。用户在VR 环境中可自由观看，交互方式是自然的并且不限于传统计算机屏幕的边界[②]。在大多数头戴式VR 程序中，每张镜片都从稍微偏移的视角呈现图像，以便用户立体地观看虚拟环境，从而为更多的人提供双目深度提示信息。除了这种专门的观察设备，许多HMD 系统还使用手持控制器作为输入设备，允许用户与环境交互。这些控制器的空间位置被映射在虚拟环境中，允许用户可视地观察控制器相对于 3D 虚拟空间的位置。

在头戴式VR 环境中的移动可以采取多种形式。当用户与环境交互时，他们可能处于静止位置（坐着或站着），其运动被限制在头部和手固定位置的正常运动范围内。为了模拟虚拟环境的更大范围的探索，用户也可以在手持控制器的帮助下导航，或者在虚拟空间中行走，或者在物理上保持静止的同时通过瞬移（teleporting）到达指定的位置。还存在其他移动方法，如更新用户在虚拟环境中位置的同时允许用户在物理空间中四处走动。例如，HTC Vive 基站（Lighthouse）可以用于指定一个空的物理空间，供用户在虚拟环境的一

① SMITH A S. Virtual reality in episodic memory research：a review［J］. Psychonomic bulletin & review，2019（26）：1213-1237.

② FURHT B. Encyclopedia of multimedia［M］. 2nd ed. Berlin：Springer，2008.

个小区域内行走，一个可见的障碍物投射到HMD 中，以指示用户何时到达这个空间的边界（以帮助他们避免与看不见的物理障碍物发生碰撞）。或者使用与计算机生成的环境同步的跑步机允许用户在虚拟空间中无休止地行走，要么在一个轴上（如传统的线性跑步机），要么在任何方向上（如全向跑步机）。不同的移动方式在速度（在虚拟环境中导航所需的时间）、准确性（所处环境中发生的碰撞有多少）以及受试者熟悉该设备所需的训练时长方面，头戴式VR 的运动熟练程度随着所使用的虚拟运动界面的形式而变化[①②]。

到目前为止，头戴式VR 设备的更新迭代主要包括三代产品（图 1-3）。

第一代产品为手机-VR（Mobile-VR），以 2014 年谷歌发布的Google Cardboard，以及同年三星与Oculus 联合发布的Gear VR 为代表，许多智能手

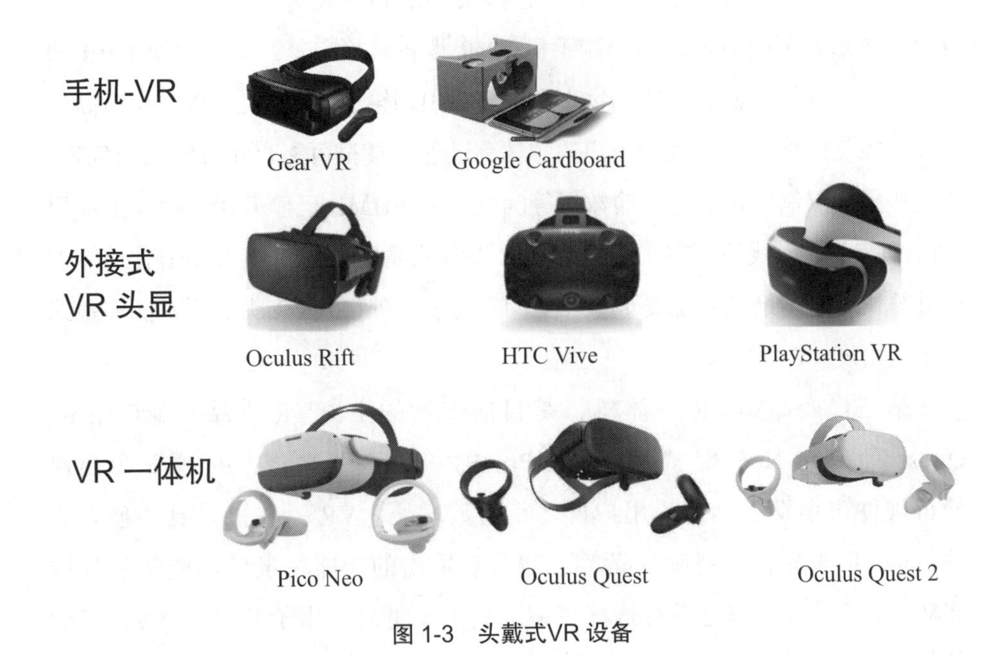

图 1-3　头戴式VR 设备

① RUDDLE R A，VOLKOVA E，BÜLTHOFF H H. Learning to walk in virtual reality［J］. ACM transactions on applied perception，2013，10（2）：82-98.

② FEASEL J，WHITTON M C，WENDT J D. LLCM-WIP：low-latency，continuous-motion walking-in-place［C］// Proceedings of 2008 IEEE Symposium on 3D User Interfaces. Reno：IEEE，2008：97-104.

机的视觉显示和处理能力与可佩戴且相对便宜的光学硬件相结合，为了保持足够高的帧速率，在手机头戴式VR 设备中呈现的虚拟环境的分辨率相对受限，从而降低了感官沉浸感①。Mobile-VR 具有某些优势。例如，这些系统是便携式的和完全无线的，因此消除了将头显束缚到外部硬件以进行图形处理或运动感测的任何需要。此外，Mobile-VR 利用已经越来越普遍的智能手机设备，为用户节省了专用HMD 和运行所需硬件的额外费用，使这种VR 设备更具成本效益。尽管Mobile-VR 能够从静止位置跟踪所有三种形式的旋转头部运动（滚动、俯仰和偏航），但是它通常不能记录用户在虚拟环境中四处移动时的平移运动。这类设备以体验全景视频为主，空间定位通常为三自由度（3-DOF）。

第二代产品是外接式VR 头显，以 2013 年Oculus 推出的开发者版本Oculus Rift、HTC 的HTC Vive 及索尼的PlayStation VR 为代表，支持VR 的计算机的图形处理能力超过了智能手机，VR 设备日趋完善，大大加快了VR 的普及进程。这类设备需要使用物理电缆将HMD 连接到计算机，以产生最高保真度的视觉图像，这降低了用户的整体移动性，甚至可能存在被绊倒的危险。为克服空间限制以及高速传输数据等问题，无线HMD 已经开始在商业上应用（如HTC Vive 无线适配器）。外接式VR 头显设备需要具有强大图形处理能力的计算机来满足最低系统要求。在空间定位上，外接式VR 头显通常能够跟踪六个自由度（6-DOF）。

第三代产品是VR 一体机，是目前市场的主流VR 产品，如Oculus Quest 2、Pico Neo 3、奇遇Dream Pro VR 等。近年来，VR 一体机的出现使得硬件市场发展迅速，用户群体呈指数增长。VR 一体机是具备独立处理器的VR 头显，具备独立运算、输入和输出的功能。虽然功能不如外接式VR 头显强大，但是没有连线束缚，自由度更高。用于开发定制VR 环境的软件也很容易获得，并且在许多情况下，对非商业用户是免费的，硬件成本大幅下降。

---

① CARRUTH D W. Virtual reality for education and workforce training［C］//2017 15th International Conference on Emerging elearning Technologies and Applications（ICETA）. IEEE，2017：1-6.

二、桌面式VR

桌面式VR是指任何使用标准计算机显示器作为其视觉显示器的虚拟现实系统[①]。桌面式VR中的交互使用标准的计算机鼠标和键盘作为输入设备。这种形式的虚拟现实适用性较广，因为运行它所必需的硬件和为这些虚拟环境编程的软件包是广泛可用的。此外，与其他形式的虚拟现实不同，桌面式VR的标准输入设备无处不在，可以使研究的培训阶段更快更直接。桌面式VR已经在心理学研究中使用了几十年，尽管这一特定术语并没有在所有研究中得到一致应用。

但是，桌面式VR也有一些缺点。首先，尽管桌面式VR的图形环境通常存在于3D中，但是它们是在2D显示器上呈现的，因此只有单目深度线索可用于指示环境中物体的距离（没有立体视觉）。其次，受试者与桌面式VR交互的方式通常在被模拟的动作上没有运动上的模拟。例如，在这种类型的虚拟环境中，“向上看”可能需要主体向前移动鼠标，或者通过按下键盘上的按钮来选择特定的虚拟对象。这种不匹配可能会限制桌面式VR在探索具有相关运动成分的记忆现象中的效用。最后，相对于其他形式的虚拟现实，这些缺点通常会导致桌面式VR沉浸感的降低。

三、模拟器VR

虽然所有形式的虚拟现实都是由某种形式的模拟组成的，但模拟器VR（Simulator-VR）与以前的虚拟现实系统的区别主要在于它使用了外部视觉显示器（与头戴式VR不同）和专用输入设备（与桌面式VR不同）。考虑到各种各样的系统都属于这一类，模拟器VR的设置在沉浸感方面有很大的不同，这取决于用户如何观察和接触环境。理想情况下，更具沉浸感的模拟器VR设备将具有多个投影仪屏幕或显示面板，这些屏幕或显示面板使得用户被虚拟环境的视觉图像包围（部分或全部），从而控制对象的视野。高度沉浸式模拟器VR的视觉组件的最复杂的例子是计算机辅助虚拟环境（CAVE）。CAVE是

① FURHT B. Encyclopedia of multimedia［M］. 2nd ed. Berlin：Springer，2008.

专门用于显示虚拟环境的整个房间，通常提供头部跟踪、允许用户立体地查看环境的特殊眼镜以及从天花板到地板的图形显示等功能，将用户完全包围在计算机生成的世界中[①]。但是，这类系统成本是昂贵的，用所有这些组件构建一个系统通常要花费数百万英镑[②]。就输入设备而言，一些专业模拟系统被设计成允许用户以高度自然的方式与特定环境（如飞机的驾驶舱）交互。例如在已经创建的驾驶模拟器中，用户进入全尺寸的车辆，该车辆的所有侧面都被屏幕包围，并且包含输入设备（如方向盘、制动踏板），该输入设备使得用户能够在虚拟环境中导航[③]。此外，许多VR 输入设备还具有触觉反馈功能，从而进一步增强了虚拟训练环境和现实任务之间的感觉运动一致性。事实上，已经发现具有更复杂形式的触觉反馈的输入设备能够提升用户表现[④]，这在高度复杂的手术任务（如外科手术）的训练中是有用的[⑤⑥]。总的来说，理想的模拟器VR 系统被设计成再现用户在给定的现实生活情况下将经历的感觉和运动过程。

虽然模拟器VR 系统相关的成本可能非常昂贵，但模拟器VR 也可以通过相对便宜的实验设置来创建。例如采取一组屏幕的形式，这些屏幕以U 形配置部分地围绕对象[⑦]。即使使用单个屏幕也可能被归入模拟器VR 类别，这种设

---

① SLATER M，SANCHEZ-VIVES M V. Enhancing our lives with immersive virtual reality［J］. Frontiers in robotics and AI，2016，3（1）：74.

② LEWIS D. The CAVE artists［J］. Nature medicine，2014，20（3）：228-230.

③ ANIRUDH U，KLAS I，MEIKE J，et al. Assessing the driver's current level of working memory load with high density functional near-infrared spectroscopy：a realistic driving simulator study［J］. Frontiers in human neuroscience，2017，11：167.

④ WELLER R，ZACHMANN G. User performance in complex bi-manual haptic manipulation with 3 Dofs vs.6 Dofs［C］//2012 IEEE Haptics Symposium. IEEE，2012：315-322.

⑤ KIM H K，RATTNER D W，SRINIVASAN M A. Virtual-reality-based laparoscopic surgical training：the role of simulation fidelity in haptic feedback［J］. Computer aided surgery，2004，9（5）：227-234.

⑥ PANAIT L，AKKARY E，BELL R L，et al. The role of haptic feedback in laparoscopic simulation training［J］. Journal of surgical research，2009，156（2）：312-316.

⑦ MAILLOT P，DOMMES A，DANG N-T，et al. Training the elderly in pedestrian safety：transfer effect between two virtual reality simulation devices［J］. Accident analysis & prevention，2017，99（2）：161-170.

备最好使用相当大的屏幕，以最大化虚拟环境占据主体视野部分。使用模拟器VR 的研究也可以将用户置于黑暗的房间中（使得环境的非虚拟元素在视觉上相对模糊），并为用户提供任务特定的硬件以与其他设备进行交互，如用于虚拟行走任务的跑步机[①]，或用于驾驶任务的方向盘、制动踏板和加速踏板[②]。考虑到模拟器VR 采用的设置的可变性，研究人员应特别注意为读者清楚地定义仪器的所有方面，特别是考虑到沉浸程度在该类别中的变化可能比先前定义的VR 分类中的变化更大。

从技术上讲，即使是普通的游戏控制器或操纵杆也能满足这一分类标准，因为它们是输入设备，主要或唯一的功能是允许用户与三维虚拟环境进行交互（不像鼠标和键盘）。然而，如果这是VR 设备与传统台式计算机设置的唯一区别，则该设备仍然更适合归类为桌面式VR，除非采取其他步骤来提高沉浸感。简而言之，系统被归类为模拟器VR 所必需的最低条件是相对于标准桌面式VR 系统，例如，大屏幕与除鼠标和键盘之外的输入设备在某种程度上增加了感官和交互沉浸感。这种描述从本质上区分不同的虚拟现实系统，并且不应被认为本质上具有固有的层次性（如沉浸感）。创建这些分类的主要用途是在给定的研究中促进对虚拟现实系统的基本属性的快速浏览理解。当更广泛地考虑给定类型的设备对研究结果的影响时，当比较不同VR 系统之间的性能时，以及比较VR 性能与模拟任务的真实版本时，这些分类可能有助于对结果的理解和解释。

第三节 虚拟现实的关键特征

虚拟现实拥有独一无二的特性，这些特性源于用户在消费虚拟现实内容

① LARRUE F，SAUZEON H，WALLET G，et al. Influence of body-centered information on the transfer of spatial learning from a virtual to a real environment［J］. Journal of cognitive psychology，2014，26（8）：906-918.

② PLANCHER G，GYSELINCK V，NICOLAS S，et al. Age effect on components of episodic memory and feature binding：a virtual reality study［J］. Neuropsychology，2010，24（3）：379.

时被另一个环境包围并在其中进行活动[①]。虚拟现实系统与传统媒体（如广播、电视）的主要区别在于虚拟现实结构的三维性，沉浸感、在场感和交互性是虚拟现实的独特特征，这使它有别于其他代表性技术。虚拟现实不模仿现实，也没有具象性功能[②]。沉浸感、在场感和交互性的相互作用对于分析和理解虚拟现实体验非常重要。要全面探索虚拟现实，必须同时考虑这三个因素[③]。沉浸感指在计算机形成的虚拟环境中，使用者体验到的真实程度。设备与内容共同构成沉浸感产生的基本元素，并在其程度上起决定性作用。在场感被定义为一种心理状态，在这种状态下，虚拟（半真实或人工）物体以感官或非感官的方式被体验为真实物体[④]。交互性指在虚拟环境中，使用者与内容文本发生的交互行为。苏珊·桑塔格曾指出，艺术本身不是生活，而是生活的解毒剂。新时代的数字媒体VR 本身的确不是生活，却可以成为生活的延伸。

一、沉浸感

虚拟环境中的沉浸感指的是整个虚拟环境系统能够提供的东西：视野的范围，模拟的感觉系统的数量，每个系统的渲染质量，跟踪的范围，显示图像的真实性，帧速率，延迟，等等。虚拟环境中的沉浸感是一个系统的客观属性，原则上可以独立于它所产生的人类体验来测量[⑤]。虚拟环境将参与者作为环境的一部分，以便从参与者的角度观察头部运动导致的运动视差，并且刺激与聚焦和物体跟踪相关的前庭反应及其他生理反应。沉浸式虚拟环境可以打破我们的感官，告诉我们位置与我们实际所在的位置，以及我们和其他参与者之间的日常联系。20 世纪 60 年代，马文·明斯基引入了远程呈现的概

① STEUER J. Defining virtual reality：dimensions determining telepresence［J］. Journal of communication，1992，42（4）：73-93.

② MANDAL S. Brief introduction of virtual reality & its challenges［J］. International journal of scientific & engineering research，2013，4（4）：304-309.

③ MÜTTERLEIN J. The three pillars of virtual reality? Investigating the roles of immersion，presence，and interactivity［C］//Proceedings of the 51st Hawaii International Conference on System Sciences（HICSS）. 2018.

④ LEE K M. Presence，explicated［J］. Communication theory，2004，14（1）：27-50.

⑤ SANCHEZ-VIVES M V，SLATER M. From presence to consciousness through virtual reality［J］. Nature reviews neuroscience，2005，6（4）：332-339.

念，来描述人类操作员在通过远程操作系统进行交互时可能拥有的感觉。远程呈现的概念也被应用于虚拟环境中的体验。在这种情况下，人沉浸在通过计算机控制的显示系统实现的环境中，并且能够在该虚拟环境中实现变化。

在这样的系统中，有许多参数控制着一个人的体验质量，特别重要的是模拟的感官数据与本体感受的匹配程度。例如，当参与者的头部转动时，系统描绘的视觉效果和听觉效果有多快和多准确，或者在诸如去除了所有真实世界视觉输入的头戴式显示器的系统中，参与者看到的虚拟身体与该身体动作感觉的本体感受模型正确相关的程度。视觉显示器视野也是很重要的一个影响指标，更大或更小的视野，可以看到虚拟世界的有效水平和垂直角度。首先，HMD 系统通常提供相对较低的视野。例如，对角线夹角为 60 度。相比之下，正常视觉中水平方向超过 180 度，垂直方向超过 120 度。其次，视觉显示可能有或多或少的分辨率即单位投影视觉面积的像素数。例如，一种流行的HMD 型号在 3.3 厘米对角线的液晶显示器上具有 640×480 的像素分辨率（每只眼睛）。计算机系统达到的帧速率是维持环境中存在“扩展对象”的错觉的关键因素。帧速率是计算机图形系统一秒钟可以传送的帧数。尽管显示器总是以恒定的周期（如 60 赫兹）刷新，但是计算机图形渲染系统作为场景中头部运动和动画的函数，并不总是能够保持新图像生成的速度。如果场景在当前视图的方向上特别复杂，那么系统上的计算负荷可能非常高，以至于当参与者的头部移动时，渲染系统不能足够快地跟上变化。这将导致整体图像运动的不连续性，例如，一个物体在参与者的视野内移动，可能看起来像是突然从一个位置跳到另一个位置。帧速率是整个系统延迟的一个因素。等待时间是参与者发起事件（如转头）和系统做出响应（图像相应更新）之间的时间。影响延迟的因素有很多，例如帧速率、跟踪设备的速度、不同设备之间的通信速度（包括网络速度）等。请注意，帧速率可以非常高，但延迟非常低（例如，由于通信瓶颈），这将导致平滑的运动，但总是比用户的启动动作晚几毫秒。

通常，与物理现实相比，虚拟环境显示的视觉逼真度较低存在两个原因：第一，当前计算机图形硬件无法在不显著牺牲实时性能的情况下模拟全局光传输的复杂性；第二，物理世界极其复杂，有无限的细节层，如渲染一张人脸，表情非常微妙，所有构成面部表情的微肌肉运动，头发、皮肤、肌肉运动等的物理动态，计算机图形必须依赖于远离物理现实的抽象和模型，尤其是如果实时显示和交互是必要的。

除了虚拟环境中视觉方面的因素，听觉和触觉（包括触觉和力反馈）也是影响沉浸感的重要因素。虽然产生高度令人信服的听觉输出的技术很先进，但在动态变化的情况下实时产生这种输出是不可能的。触觉学在有限的应用领域内是可能的。通常主要有两种方法。一种方法是将触觉限制在由用户操纵的器械的末端执行器。当用户四处移动器械时，他们可以感觉到好像用器械的尖端触摸物体，虚拟环境中有它的虚拟表现。当这种虚拟表现与虚拟物体发生碰撞或摩擦时，用户也能够感觉到这一点。另一种方法是让用户适应机械外骨骼，该设备受机械控制，根据用户与虚拟环境内的对象的交互方式向用户施加作用力。例如，物体重量的感觉可以以这种方式传递给用户。

二、在场感

在场感是VR的一个核心功能，用于描述虚拟环境中“身临其境”的主观感受[①②③]。Sheridan将其描述为控制现实世界时感受到的效果[④]。基于Sheridan的在场感概念，后续研究者提出了在场感相关的理论，Lee将在场感定义为“一种心理状态，在这种状态下，虚拟（半真实或人工）物体以感官或非感官的方式被体验为真实物体”[⑤]。在这种状态下，用户感觉自己的身体处于以计算

---

① RIVA G，DAVIDE F，IJSSELSTEIJN W. Being there：concepts，effects and measurement of user presence in synthetic environments. Amsterdam：Ios Press，2003：1-14.

② RIVA G，MANTOVANI F，CAPIDEVILLE C S，et al. Affective interactions using virtual reality：the link between presence and emotions［J］. Cyberpsychology & behavior，2007，10（1）：45-56.

③ SANCHEZ-VIVES M V，SLATER M. From presence to consciousness through virtual reality［J］. Nature reviews neuroscience，2005，6（4）：332-339.

④ SHERIDAN T B. Musings on telepresence and virtual presence［J］. Presence：teleoperators and virtual environments，1992，1（1）：120-125.

⑤ LEE K M. Presence，explicated［J］. Communication theory，2004，14（1）：27-50.

机为媒介的环境中。这是一种表达共同观点的方式，即在场感是在虚拟环境中“在那里”（be there）的感觉，或者类似于身处虚拟现实所描绘地点的感觉，而不是参与者的身体实际所在的真实物理地点。

总的来说，关于在场感的内涵主要分为两个观点：第一个观点将在场感视为一种从用户与媒介的交互中产生的体验；第二个观点将在场感看作一种具身现象，与行为组织和控制相联系。第一个观点认为在场感是用户与所给予媒介之间的交互而产生的一种体验。根据这个观点，在场感是一种心理状态，尽管不是完全由媒介的沉浸性决定的，但其状态可以改变。第二个观点则将其视为一种与行为组织和控制有关的具身现象。Zahorik 和Jenison 认为，在场感“等于在环境中成功支持了行动”[①]。在VR 的特定情况下，虚拟环境允许用户成功参与预期行为越有效，用户感受到的在场感将越强。

在大多数情况下，在场感是一种可以通过外部（基于媒体的）信息，如视觉、听觉、触觉或本体，感受冲动和反馈丰富的体验。媒体环境在用户中激活的感官越多，受众就越有可能感觉自己“置身于”该环境中。在场的主要特征是确信处于一个中介环境中。这一特性使得空间呈现在许多通信应用领域中成为一个重要变量。在在场的其他定义中，对中介环境中感知自我定位的关注是显而易见的。例如，Biocca 认为，虚拟现实环境同步处理几个感觉通道，从而促进感觉参与、运动参与和传感器运动参与[②]。这些过程增强了用户的体验感——置身于中介环境中的体验。总的来说，在场被认为是一个二维的结构。第一个维度，也即核心维度是身体处于媒介所描绘的空间环境中的感觉（“自我定位”）。第二个维度是指感知到的行动可能性：一个正在体验在场的个体只会感知到那些与中介环境相关的行动可能性，但不会意识到与他的真实环境相关的行动。

为了建立跨学科研究之间的桥梁，尤其是新数字媒介与心理学之间的跨学科研究，研究者提出了一个基于注意系统、用户感知系统的空间在场感形

---

① ZAHORIK P，JENISON R L. Presence as being-in-the-world [J] . Presence：teleoperators and virtual environments，1998，7（1）：78-89.

② BIOCCA F. The cyborg's dilemma：progressive embodiment in virtual environments [J] . Journal of computer-mediated communication，1997，3（2）：324.

成过程模型[①]。该模型是围绕实现空间状态体验的两个关键步骤组织的。第一步是构建情境的心理模型，即“空间情境模型”（Spatial Situation Model，SSM），其中包括与空间相关的信息。此过程基于注意力分配，即心理能力对媒体产品的投入。SSM 是空间在场感发生的前提。因为空间在场感被认为是一种只有在媒体曝光时才会发生的体验，所以它的形成过程模型必须考虑感知和认知的基本过程，在此基础上可以构建更高形式的体验。只有那些关注中介环境的用户才会体验到空间在场感。用户的注意力可以被引向中介刺激，有两个原因：（1）媒体可以在不要求用户集中注意力的情况下触发注意力分配，这被称为无意识的注意力分配；（2）用户可以将他们的注意力投入到媒体产品上，例如，因为它看起来是有趣的或令人愉快的，这个过程被称为控制注意力分配。在大多数情况下，媒体诱导的（非自愿的）和用户引导的（控制的）注意力分配过程并不是相互独立的。这两种类型的注意力都可能参与空间在场的发展，但它们的相对贡献可能有所不同。具体来说，我们假设有意的和集中的注意过程与中介表征的沉浸感呈负相关。虚拟环境可能会不由自主地吸引用户的注意力，从而降低体验在场的动机过程的作用。

SSM 可以在以下方面有所不同：（1）准确性或内部逻辑一致性；（2）它们覆盖的空间元素（例如对象）的丰富性或数量。刺激提供的空间线索越多，建构丰富的SSM 就应该越容易。除了数量，空间线索的简洁性和一致性也影响SSM 的建构。例如，想象一个视觉刺激场，它显示出流畅的颜色渐变，没有任何锐利的边缘、边界或颜色对比。使用者将无法辨别单一的物体，而刺激也不会唤起任何空间感。因此，在一个非常基本的层面上，对比度是必要的，以使用户能够识别边缘、线条和对象，这是空间感知或想象的先决条件[②]。为了提取空间线索，用户必须能够将不同的元素（例如线条或声音）组合成有意义的对象，这些对象又必须在认知上彼此关联，进行感觉整合（sensory integration）。在多模态媒体环境中，为了提高SSM 的一致性，提供

① WIRTH W，HARTMANN T，BÖCKING S，et al. A process model of the formation of spatial presence experiences［J］. Media psychology，2007，9（3）：493-525.

② ZELTZER D. Autonomy，interaction，and presence［J］. Presence：teleoperators and virtual environments，1992，1（1）：127-132.

的信息必须在各模态间保持一致。关于虚拟房间的音频和视频信息应该是同步的，并被设计成对用户是“有意义”[①②]的。对媒体产品提供的空间相关信息进行有意义的解释的重要性与用户在感知刺激中能够察觉到的似真性密切相关[③]。总之，显示各种简洁空间线索（最好在不同的感觉通道内）的媒体产品，以一致和可行的方式链接，应该比那些只显示少量、分散或不一致线索的媒体产品可以唤起更丰富和内在更一致的SSM。

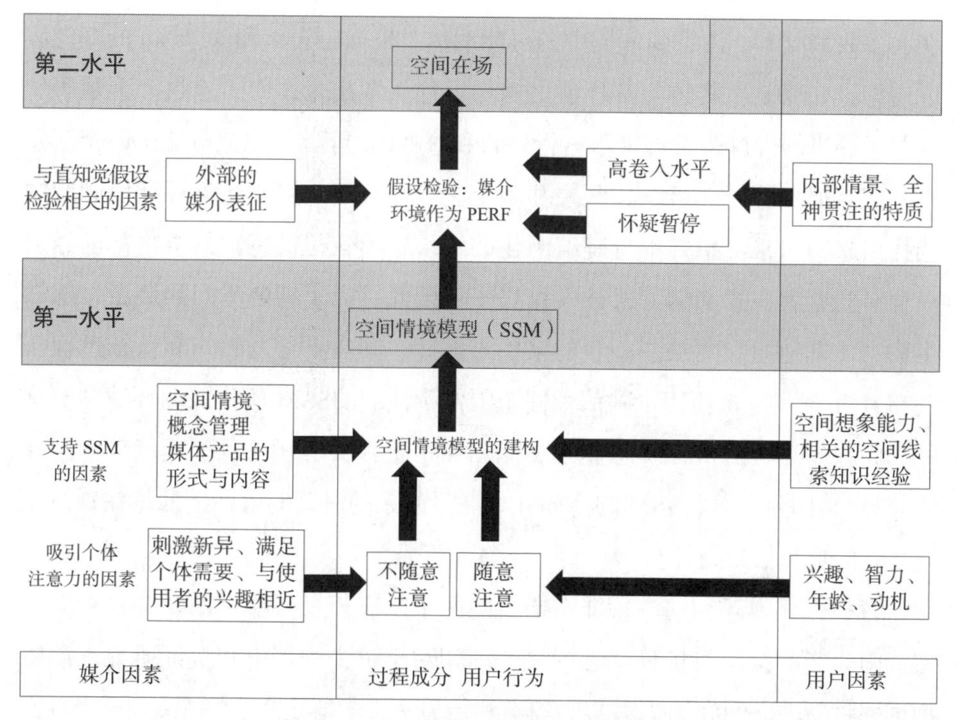

图 1-4　空间在场感两水平模型[④]

① WITMER B G，SINGER M J. Measuring presence in virtual environments：a presence questionnaire［J］. Presence：teleoperators and virtual environments，1998，7（3）：225-240.

② SHERIDAN T B. Musings on telepresence and virtual presence［J］. Presence：teleoperators and virtual environments，1992，1（1）：120-125.

③ LOMBARD M，DITTON T. At the heart of it all：the concept of presence［J］. Journal of computer-mediated communication，1997，3（2）：321.

④ 王素娟，张雅明. 空间存在：虚拟环境中何以产生身临其境之感?［J］. 心理科学进展，2018，26（8）：1383 -1390.

第二步，从SSM到空间在场感。SSM的存在在概念上与空间在场感不同，因为SSM是心理表征，而空间在场感被视为体验状态。为了使用户从SSM迁移到空间状态，必须发生其他认知或感知过程。一旦媒体用户构建了稳定的SSM，就会出现他们在两个可用的空间环境中主观地定位自己的身体体验的问题：他是否感到自己位于中介的空间环境中，即个人必须定义以自我为中心的参照系（Primary Egocentric Reference Frame，PERF）。在第二水平中，用户作为PERF的中介环境意味着在该环境中感知到的自我定位，并且在大多数情况下，注意到环境中的可能动作。根据Bruner和Postman的知觉假说理论，知觉是生物体与其环境之间的一种认知相互作用，这是一个基于使用关于环境的现有假设对刺激进行接收和解释的过程[①]。知觉可能由四个启发式功能组成：选择、组织、联想和固定。感知对象是用户从各种环境刺激中选择出来的对象。感知本身是组织化的结果，即任何被感知的事物都已经以一种对观察者有意义的方式被安排好了。因此，为了理解不同的刺激，感知生物会比其他生物更强调刺激的某些方面。空间在场通过感知和认知过程从SSM中出现，使媒体用户确信他们个人位于他们的SSM所代表的环境中。这种空间在场过程的最终状态非常类似于存在于真实房间、风景或汽车中的日常体验[②]。因此，对将SSM与空间在场联系起来的机制的解释指的是在媒体环境之外的空间信息处理。

各种媒介因素和用户特征在模型的两个阶段都发挥着作用，并且可能支持或阻碍影响空间在场感状态的过程。相对于过去的理论和实证研究，该模型试图将新的空间在场概念与心理学和传播学中的既定概念联系起来。而且，该模型清楚地区分了空间在场及相关概念。媒介因素和用户因素是影响空间在场感形成的两个核心因素，在模型中，媒介因素包括刺激新异、媒介产品的形式与内容、外部的媒介特征等，用户因素包括用户的兴趣、年龄、相关的空间线索知识经验、全神贯注的特质等。

---

① BRUNER J S，POSTMAN L. On the perception of incongruity：a paradigm［J］. Journal of personality，1949，18（2）：206-223.

② LEE K M. Presence，explicated［J］. Communication theory，2004，14（1）：27-50.

三、交互性

交互元素对于让用户真正自由地参与虚拟环境而言至关重要。交互是VR区别于单纯以第一人称视角观看视频的关键因素。虚拟交互的本质和范围可以有多种形式——从完全控制对象的导航和操作，到简单地转动头部来观察虚拟环境的不同区域，例如用操纵杆或用HMD 跟踪头部运动。交互性不仅仅是在虚拟世界中导航的能力，更是用户改变这个环境的能力。用户可以从对周围领域的探索中获得完全的满足感。他会积极参与虚拟世界，但他的行为不会产生持久的后果。在一个真正的交互系统中，虚拟世界必须对用户的动作做出反应①。

研究者认为虚拟现实交互应该以人为中心，为了设计好的交互，应该遵循一套关于交互可发现性的原则，即如何设计能正确传达用户意图的交互。这五个原则是可提供性（事物如何交互）、信号（交互的指示器）、约束（交互的限制）、反馈（交互的结果）和映射（交互之间的关系）。与 3D 用户界面（UI）的交互也可以根据其在几个交互任务中的意图进行分类，可以使用不同的技术和设备来执行这些类型的任务中的每一个，例如可以通过触摸对象或指向对象来执行选择。此外，可以组合多种设备或技术，从而产生多模式交互，例如可以通过指向对象来选择对象，并且可以通过语音命令来确认选择②。

表 1-1　3D 用户界面的交互任务类型

任务	内容描述
选择	用户的选择将会用于对目标的执行，包括选择或确认某个对象
操纵	用户通过直接操纵界面来改变其属性（例如打开/ 关闭，按下 3D 按钮）
转换	对虚拟对象直接进行几何变换（例如位置变换，旋转和缩放）
创造	通过创造和破坏界面中的对象，来改变活动的场景对象的数量

① RYAN M-L. Immersion vs. interactivity：virtual reality and literary theory［J］. Substance，1999，28（2）：110-137.

② MONTEIRO P，GONÇALVES G，COELHO H，et al. Hands-free interaction in immersive virtual reality：a systematic review［J］. IEEE transactions on visualization and computer graphics，2021，27（5）：2702-2713.

续表

任务	内容描述
修改	改变对象的内在属性（例如外观）
导航	改变用户的视角（例如行走，瞬间移动）
系统控制 符号输入	向程序发出字符输入或编辑的指令

用于与虚拟环境交互的非传统沉浸式设备已经非常迅速地激增，包括允许手势输入的空间输入设备（或追踪器）、点设备和整只手设备。VR 手势交互[①] 被认为是交互和传递信息的自然方式，因此基于手势的界面被证明是理想的。虚拟对象和虚拟环境中的三个最重要的任务包括选择、操纵和导航。选择是一项经常发生的任务，因此应该实现效率最大化。手势是用于选择任务的理想交互技术，因为它可以以接近模仿真实世界交互的方式实现。光线投射技术利用指示或指向手势，由用户的手引导的光线用于指示场景内的参照对象。研究者认为在虚拟环境中使用手势进行交互时应当遵循以下准则[②]：（1）必须向用户提供关于如何实现手势识别的指南；（2）对用户的持续反馈；（3）手势的开始应该与紧张有关，结束应该与释放紧张有关；（4）取消不想要的动作的能力；（5）命令必须由具有有限精确度和独特性水平的简易及快速执行的手势组成；（6）将手势与现有的传统命令相结合。

近年来研究较多的交互方法还有语音交互，主要是通过语音命令系统控制任务，这可能是由于在常见的虚拟现实设置中麦克风可用性较强，以及语音识别系统在检测预期命令方面越来越好。眼睛凝视是下一个受关注的技术，因为眼动追踪器可以无缝集成到HMD 中并提供准确的眼动数据，可以很自然地记录分析用户关注的信息用于目标选择。此外，头部凝视也是方法之一，

① VATAVU R-D，PENTIUC Ş-G，CHAILLOU C. On natural gestures for interacting in virtual environments［J］. Advances in electrical and computer engineering，2005，24（5）：72-79.

② CERNEY M M，VANCE J M，ADAMS D C. From gesture recognition to functional motion analysis：quantitative techniques for the application and evaluation of human motion［M］. Iowa：Iowa State University，2005.

因为HMD 能提供头部旋转数据。研究人员仍然有很大的潜力来探索新的交互技术，提高当前界面的可用性，使它们对用户来说更自然。

在评估界面可用性的研究中，满意度、效率和功效是最常用的评估指标，通常通过定制的问卷来收集用户对界面的偏好和使用的反馈。对于效率测量，交互时间是评估性能最常用的方法，而准确性和错误数量是功效测量最常用的方法。但很少有研究考虑到在场感和模拟器不适，研究人员在评估界面时应该包括这些指标，因为它们对VR 体验有影响。在计算机生成的虚拟现实中，沉浸感和交互性并不冲突，或者至少不一定冲突。沉浸感可能会对交互性构成偶尔的威胁，但反之则不成立。虚拟世界的互动性越强，体验就越沉浸其中。沉浸感和互动性之间没有什么本质上的不相容之处。同样，在现实生活中，我们行动的自由越大，我们与环境的联系就越深①。

① RYAN M-L. Immersion vs. interactivity：virtual reality and literary theory［J］. Substance，1999，28（2）：110-137.

第二章　虚拟现实影像：全视角媒介

VR 影像将观众置于故事场景中，观众具有全视角的自主选择，不再受限于导演设定的视角和画面，可以像在现实世界中一样随心所欲地主动探索，并最终与导演共同完成画面内容。同时，VR 通过头显设备构建出的虚拟空间，使体验者进入某个接近真实或想象的场景中，并产生强烈、真实的情感体验。正是VR 技术本身具有的特性和观影方式的独特性，使得VR 影像作品在制作技术、内容创作和观赏方式等各方面都有别于传统电影，有其独特的创作模式和形式。VR 技术在给人们带来全新观影体验的同时，也正在改变传统电影的叙事方式和创作思维[①②]。

第一节　VR 影像发展现状

虚拟现实技术与电影的结合是目前市场发展的一个热点。2015 年，迪士尼公司投资 6600 万美元帮助Jaunt 发展其虚拟现实影像拍摄平台，意味着好莱坞向虚拟现实领域抛出橄榄枝。2016 年，VR 工作室Felix & Paul 获得Comcast Ventures 领投的 680 万美元融资。2017 年，好莱坞电影巨头二十世纪福克斯电影公司成立FoxNext 部门，开始涉足福克斯的多个经典电影IP，以此推动整个公司下一代叙事技术的发展。国内外知名电影节以及工作室近年来

① 丁妮，周雯. 虚拟现实艺术到来了吗？——试论VR 电影创作的视听语言与交互性［J］. 当代电影，2019（2）：160-163.

② 丁妮，刘梅. 知名VR 影像创作工作室及作品探析［J］. 电影评介，2020（16）：10-15.

也致力于VR电影和短片的创作和发布。如美国一年一度的圣丹斯电影节，在2014年仅有4部VR影片，到2016年已多达30多部，这些作品几乎包含了我们能够想到的任何题材：喜剧、恐怖、科幻等。现在很多影视作品都会推出VR体验，尤其是太空科幻题材的内容，二十世纪福克斯电影公司及其内部的创新实验室根据奥斯卡获奖电影《火星救援》推出了一段约20分钟的火星救援VR体验，它在好莱坞的众多VR产品中脱颖而出，呈现出叙事和互动迷你游戏的双重特点[①②]。与此同时，中国电影人也开启了VR电影的破冰之旅，如中国VR影像制作公司兰亭数字联合青年导演林菁菁拍摄制作了时长12分钟的VR微电影《活到最后》，追光动画推出了由米粒导演的VR动画故事短片《再见，表情》。

目前国内外对于VR电影领域的扶持还未成体系，零星散见于部分国家的电影行业组织中。例如，德国的柏林－勃兰登堡媒体促进协会设立了互动与创新的资助项目，年度预算为100万欧元，专门支持有关音像内容（游戏、App等）及虚拟现实内容的开发。在我国，由于VR产业政策的扶持，VR电影产业在起步阶段受到保障以至不落后于国外同行。2016年6月，由14家单位共同发起的中国VR电影创作联盟成立，致力于推动VR影像创作行业的内容创新，构建技术支持平台体系，搭建行业资源整合平台，孵化支持平台体系，搭建行业资源整合平台。

当前，虚拟现实作为一种最热门的新兴领域，各大媒体巨头以及工作室都对其展现出了强烈的探索欲，寻找虚拟现实的各种可能性，并试图在未来的发展中占有自己的一席之地。Oculus Story 工作室[③] 与艺术家合作从题材及表现方式上不断创新，增加VR呈现内容的多种可能性；Baobab 工作室[④] 打破传统枷锁，研发新工具，尝试更为细腻的舞台呈现方式；Felix & Paul 工作室[⑤] 则从实拍创作出发，运用VR的沉浸技术给观众呈现不同的纪实方式；而

① 姜荷. VR虚拟现实技术下影像表现形式的可行性分析及对电影产业格局的冲击与挑战［J］. 当代电影，2016（5）：134-137.

② 常慧琴. 浅谈VR与电影［J］. 现代电影技术，2016（4）：36-37.

③ Oculus Story 工作室，https://www.oculus.com/story-studio/。

④ Baobab 工作室，https://www.baobabstudios.com/。

⑤ Felix & Paul 工作室，https://www.felixandpaul.com/。

Spotlight Stories 的每一部影片都以不同的方式探索着沉浸叙事与新兴电影技术结合的无限创新，更不用说Penrose 工作室[①] 对VR 故事内容呈现的可接受性的探索，以及华特迪士尼公司在影片创作中对于软件技术的深层研究。国际VR 影像的发展是多方位多角度的，而国内像平塔工作室（Pinta Studios）这样致力于VR 影像研究创作的工作室也在层出不穷，并以惊人的速度发展，技术水平和内容创新都与国际接轨。

近年来，虚拟现实技术有了明显的突破，头显设备更加简洁，画质更加清晰，虚拟现实拍摄设备更为专业轻便，硬件设备正朝着体积小、重量轻、移动便捷的方向发展。虚拟现实技术日趋成熟，内容的创新也推动了VR 影像产业的完善，加大了公众对于VR 影像的接受与认可，虚拟现实技术对当前的电影生态产生了强烈冲击，必将为未来构建出新的VR 影像生态。

一、国内VR 影像发展概况

中国的VR 行业发展速度迅猛，尤其以VR 游戏为新时期数字媒体形态流变的领头羊，其技术与内容在五年间发生了巨大飞跃。VR 影像也佳作迭出，多次斩获国际国内大奖，形成较好的市场反应，收获了不俗的口碑。随着近年来我国VR 制作技术和制作团队的成熟，中国的VR 影片开始在国际各大电影节上崭露头角。自 2017 年起至 2021 年，参加威尼斯国际电影节的国产VR 影片就多达 13 部，近年来也有不少作品参展了翠贝卡电影节和圣丹斯电影节，以及久负盛名的戛纳国际电影节等专业VR 影像盛会。从获奖/ 展映的影片统计数来看，截至 2021 年底，中国共参与制作 17 部展映的VR 影片，占全部获奖/ 展映影片的 9.8%，如 2017 年《沙中房间》获威尼斯国际电影节的最佳VR 体验奖，2020 年《杀死大明星》获威尼斯国际电影节的最佳VR 故事奖，2021 年《心境》获威尼斯国际电影节的最佳VR 影片奖，2021 年《轮回》获戛纳国际电影节的最佳VR 叙事奖。在近几年的VR 影片中，影片所选题材也出现了多样化的特征，除了强调VR 媒介本身特质来展示奇观化视觉体验，多数获奖作品还广泛涉及战争、科技反思、社会实践、弱势群体

---

① Penrose 工作室，http://www.penrosestudios.com/。

等热门话题，与当下观众的日常生活和精神面貌息息相关。随着我国的文化建设和文化输出，我国近几年的VR影片中还出现了部分以中国传统文化为主题的影片。

（一）平塔工作室及作品

平塔工作室是一家VR创作工作室①。2016年，团队一成立即成为业界的一匹黑马。其首部作品《拾梦老人》入围第74届威尼斯国际电影节VR竞赛单元，被100多家核心媒体报道，全网上线27个小时播放量就突破百万，在釜山国际电影节、圣保罗国际电影节等国际知名电影节展映，更是成为2017年法国安纳西国际动画电影节中唯一一部参展的中国VR叙事短片。蜚声国际之余，国内奖项也纷纷伸来橄榄枝，《拾梦老人》获得第六届中国先进影像作品奖最佳作品奖、第二届金陀螺年度最佳VR影视作品奖等诸多奖项。在视觉叙事上，该片大量采用镜头的切换，挑战了当前镜头切换对VR短片在叙事上的影响。尤其是表现拾梦老人不顾寒来暑往、日复一日拾荒的片段时，运用镜头切换，直接通过不同的光阴效果表现时间的流逝，十分大胆，效果亦是不俗。在声音叙事上，该片充满精巧的细节设计。在开场第二幕中，拾梦老人开抽屉声、翻东西声、小狗的铃铛声、拾梦老人的脚步声、小狗的脚步声、工具碰撞声一气呵成，声音文本通过衔接进行叙事，填补了VR电影由于360度全景呈现信息而造成观众在观影时视觉信息量丢失的缺陷，加之略显杂乱的声音设计重现了独处的寂静感，为后面的叙事铺陈了气氛。

平塔工作室的第二部作品《烈山氏：幻觉》（以下简称《烈山氏》），也在第75届威尼斯国际电影节上入围VR竞赛单元。为配合更加极致化的叙事，在视觉呈现上，平塔工作室在VR本身高沉浸感的特征之上，在《烈山氏》中加入了影视级别的、基于物理的动力学模拟，在裙子、头发的表现上运用了布料结算，在水、火、烟雾等的呈现上运用了流体动力学的算法，放大了沉浸感与真实感。2019年，该工作室的原创VR动画作品*Ello*入围翠贝卡电影节的Virtual Arcade单元，是本单元唯一一部入围的中国作品。*Ello*讲述了一

① 平塔工作室，http://www.pintastudios.com/our-story。

个关于“孤独与希望”的故事，主人公Ello生活在宇宙角落的一个小星球上，等待和期盼着同类的回应。影片融合了多种交互方式，在叙事方式上有了更新的尝试。

关于市场的拓展，国内并没有明确的商业模式可以借鉴。VR尚处于初期，盈利模式并不清晰，但平塔工作室借鉴了传统电影宣传与发行的方法，表现依旧可圈可点。第一，版权销售，从线上到线下形成完整的产业链。在线下，平塔工作室与法国MK2院线合作，同步拓展其他海外渠道。同时，平塔工作室也积极和国内其他线下渠道寻求合作。在线上，《拾梦老人》登陆包括优酷VR、爱奇艺VR等22个内容平台，以头部资源占领了市场份额。第二，产品植入，跨界合作。在《拾梦老人》中，平塔工作室吸引了20余家企业品牌进行广告植入。红星二锅头、百草味坚果、电影《缝纫机乐队》海报等与动画场景巧妙地融为一体。第三，开发周边衍生品，利用长尾效应形成联动。《拾梦老人》以淘宝众筹的方式，发售了片中同款雨伞、毛绒公仔、尤克里里等周边产品。此外，平塔工作室还和出版社联合打造了同名儿童绘本，并在多个音乐平台发行了同名OST（影视原声带）专辑。第四，利用新媒体平台打造IP，开发IP价值。《拾梦老人》中的小狗一经亮相便吸引了大批粉丝，平塔工作室抓住这一卖点，将小狗命名为“罗小卡”，利用新浪微博平台进行微博认证，并配合“罗小卡”的公仔玩偶、明信片等大力推广该形象，再到“出席”各大电影节，“罗小卡”俨然已成为平塔工作室的另一个形象化身。似乎平塔工作室正在复刻迪士尼的IP授权模式，目前来看，潜力初见端倪，其结果究竟如何，我们拭目以待。

（二）Sandman Studios及作品

成立于2016年的Sandman Studios［沙核科技文化（北京）有限公司］①，关注VR叙事，是专注于开发沉浸式娱乐体验的内容工作室。其第一部作品《自游》挑战了目前技术难度极高的VR长镜头叙事，入围第74届威尼斯国际电影节；第二部作品《地三仙》将第三人称叙事转变为第一人称叙事，并

① Sandman Studios，http://www.sandmanvr.com/。

且在叙事中加入了交互的功能，极大地增强了沉浸感。该工作室举办了四届VR沉浸影像展，包含工作坊、创投会、峰会、展映、沉浸影像技术展等多个单元。

（三）VeeR工作室及作品

VeeR致力于打造“环球VR内容社区”，VeeR平台上的创作者不仅囊括了从儿童到老人的各个年龄段，更有从个人到小的工作室，再到大的公司，甚至有一些其他平台来入驻，包括UtoVR、Jaunt、美联社、华纳兄弟、Baobab工作室、平塔工作室等，甚至比尔·盖茨也曾入驻VeeR，并上传了多段反映贫困地区生活问题的VR视频。为了更好地服务创作者，VeeR打通了网页端、移动端和VR端的账号系统，创作者在一个平台上传之后，可以同时在网页端、移动端和VR端看到自己的作品。目前，VeeR的VR端已适配HTC Vive、Oculus Rift、Gear VR、Daydream、小米VR、Windows MR系列头显等设备和平台。VeeR连续三年（2020—2022年）在北京举办戛纳XR沉浸影像展，展映了来自戛纳国际电影节的众多VR/AR（Augmented Reality，增强现实）作品，作品类型呈现出多元化，包括动画、纪录片、剧情、科幻、数字艺术等。

除以上工作室之外，其他工作室也对VR叙事方式进行了尝试。追光动画于2016年发布的VR影像《再见，表情》，就观众视觉引导问题进行了大胆设想，最终完美呈现。互联网巨头也不甘示弱，百度推出了VR频道，阿里巴巴成立GM Lab，腾讯推出关于VR一体机的新方案，中国的VR行业正如火如荼地发展着。2021年，字节跳动收购了主攻VR一体机的中国公司Pico，估值约90亿元人民币，是目前为止中国VR行业最大的一笔收购案，由此进军VR内容产业。

二、国际VR影像发展概况

随着虚拟现实头显技术日益成熟，虚拟现实拍摄设备更为专业、轻便，虚拟现实技术与电影的结合成为虚拟现实内容突破的热点，不仅迪士尼、福克斯、狮门影业等好莱坞传统电影巨头纷纷进军VR影像领域，斯皮尔伯格、迈克尔·贝等好莱坞著名导演也纷纷联手虚拟技术公司研发虚拟现实内容，如斯皮尔伯格与VRC公司（The Virtual Reality Company）合作，该公司获得2300万美元的风投后，开启面向家庭VR内容的制作（original family-oriented VR program）。迈克尔·贝则联手新兴VR制作公司The Rogue Initiative共同打造VR影像，启动基于《超人》《变形金刚》等已有IP的VR内容制作。同时，戛纳国际电影节、圣丹斯电影节、翠贝卡电影节等国际知名电影节更是争相聚焦VR影像。

自2014年起，新兴的VR创作工作室凭借极具创意和制作优良的VR作品在各大电影节上大放异彩，同时也在众多VR应用平台获得一致好评。例如，以CG VR动画创作为主的Baobab工作室、Oculus Story工作室、Penrose工作室、Spotlight Stories和迪士尼公司等。另外，还有Felix & Paul和PBS等重视VR实拍创作的工作室，它们创作了很多有名的VR短片。这些国际工作室的创作团队不仅有来自电影界的知名导演和制片人，而且会聚了大批知名艺术家、音乐家和技术专家，使得VR影像这种新媒体形式日益丰富，并逐渐被大众所熟知和接受。

（一）Baobab工作室及作品

Baobab工作室由《马达加斯加》导演兼编剧埃里克·达尼尔（Eric Darnell）、Zynga前高管莫林·范（Maureen Fan）在2015年共同成立，是一家VR CG动画公司，被称为“VR届的皮克斯”。Baobab工作室在2016年即获得2500万美元的B轮融资，至今已完成了3100万美元的融资。

其首部外星人题材的VR动画《入侵！》（*Invasion!*）荣获艾美奖，获得了极大的好评，并成为下载量最大的VR应用程序。这部影片通过VR的方式讲述了邪恶的外星人试图侵占地球，作为地球公民的小兔子与之斗智斗勇，将其赶跑的故事。观众以一只小兔子的形象置于其中进行观看。该片时长仅6分钟，但是故事情节完整有趣，可爱的大眼兔子的形象让人印象深刻。其后，Baobab工作室又推出了续集《小行星！》（*Asteroids!*），该短片于2017年在圣丹斯电影节和戛纳国际电影节公映，荣获Unity视觉大会的最佳VR体验奖。该片时长11分钟，以形象独特的外星人Mac和Cheez为主角，为观众讲述了他们深入外太空搭救朋友的故事。而观众将作为一分子，与他们一起开启一场独特的太空之旅。Baobab 工作室这两部前期的VR 影片风格都受到了皮克斯CG 电影的影响，画面精致，纹理细腻，色彩鲜艳，角色造型独特、真实立体，动作连贯流畅，给人一种可感知、可触摸的真实感，同时又具有一种纵深的立体透视感。

在近年推出的影片中，Baobab 工作室努力尝试一种更具情感化的视觉表现。影片《彩虹乌鸦》（*Rainbow Crow*）结合强烈的风格化舞台灯光，讲述了一只有着美妙歌喉和七彩羽毛的小鸟为了解救朋友于严寒，给黑暗而冰冷的世界重新带来光明，离开家乡，踏上冒险旅程的故事。该影片取材于北美印第安雷纳佩部落的一个传奇故事。这部影片与之前的皮克斯模式的作品有着明显不同，递色技术使物体的边缘线具有一种半透明的效果，与场景相融合。影片独特的视觉效果和舞台感的设计，给观众带来前所未有的视觉享受。另一部影片《杰克》（*Jack*），是一个关于青蛙妈妈与小青蛙（体验者角色）的互动性故事，为观众带来完全沉浸式的体验。《彩虹乌鸦》和《杰克》均在翠贝卡电影节和戛纳国际电影节进行了展映。近期，Baobab 工作室又公布了第五个项目《篝火》（*Bonfire*），是一个关于外星冒险的故事，影片采用实时渲染、人工智能和交互式叙述挑战技术极限，创造了以观众为主角的独特体验。

Baobab 工作室的这些作品在画面制作上非常优秀，采用了先进的CG 制作技术（如采用了独特的光影“抖动处理”技术），在互动设计上更加重视动作交互。综观Baobab 工作室的影片，从《入侵！》中观众作为故事中的某一角色，到《小行星！》中观众可以控制角色，再到《杰克》中观众在虚拟和现实的混合中徘徊，最后到《篝火》中观众成为故事的主角进行体验互动，Baobab 工作室一直都在努力尝试，在探索新的视觉风格的同时，为观众创建最具沉浸感的叙事体验。

（二）Oculus Story 工作室及作品

Facebook 在 2014 年 7 月宣布以 20 亿美元的价格收购Oculus。2015 年 1 月，Oculus 在圣丹斯电影节上宣布组建Oculus Story 工作室，以创作虚拟现实叙事影片。Oculus Story 工作室制作了多部优秀的VR 影视作品，如《迷失》(*Lost*)、《亨利》(*Henry*)和《亲爱的安吉莉卡》(*Dear Angelica*)等。

其中，《亨利》获得了第 68 届艾美奖的最佳原创互动节目奖，是首部获得艾美奖的VR 影片。该片讲述了一只小刺猬亨利渴望朋友，却因为满身尖刺使大家避而远之的故事。影片利用亨利生日宴上冷清无人的景象，许愿后因魔法而起舞的生日气球所营造的欢快气氛，以及因拥抱而扎坏气球后亨利与气球之间的紧张追逐，充分表达了亨利内心的孤独寂寞、渴望朋友的情感，影片最后以温馨的转折场面结尾，令观众产生强烈的情感共鸣。故事情节简单有趣，情感丰富细腻。这三部作品虽然在创作风格上略有不同，但都是以叙事为主，故事线清晰明朗，带有浓厚的感情色彩，观众被置于旁观者位置，通过影片细节上的巧妙设计，使观众产生一种窥探式的体验，增加了深入探索的欲望，也展示了虚拟现实技术的叙事能力。

该工作室于 2017 年 5 月关闭，拟通过投资的方式与全球一线工作室、艺术家、著名机构进行合作创建，继续资助虚拟现实影视创作。在 2018 年圣丹斯电影节的新边界（New Frontier）单元上，Oculus 随即推出了其扶持的五部VR 影视作品，包括用声音引导的警察局报案故事《派遣》(*Dispatch*)、VR 音乐动画短片《太阳大师》(*Master of the sun*)，与Felix & Paul 工作室合作的NASA 纪录片《太空探索者》(*Space Explorers*)、穿越黑洞的科幻题材短片《球体》(*Spheres*)，以及漫画题材作品《墙壁里的狼》(*Wolves in the Walls*)。这些新作品突破了以往单一的线性叙事，题材更加宽广，观众不再是孤零零的旁观者和窥探者，而是第一人称的参与者，是VR 剧情发展中的重要元素，不仅可以引起观者的情感共鸣，而且可以更好地发挥出虚拟现实这一媒介的沉浸能力。Oculus 尝试通过更多艺术家作品及其对VR 叙事的探索，创作创新性内容的VR 影片，以推动VR 影视内容的发展，而且在新作品中音乐和声音效果发挥了越来越重要的作用。

（三）Felix & Paul 工作室及作品

Felix & Paul 工作室是一家极具创意性的加拿大VR 工作室，由导演菲利克斯·拉热奈斯（Félix Lajeunesse）和保罗·拉斐尔（Paul Raphaël）以及制片人斯特瓦·瑞图伊特（Stephane Rituit）在2013年创立。最初拍摄制作简单的360度视频，现在Felix & Paul工作室已经涉足VR纪录片领域。2016年，Felix & Paul工作室完成了来自Comcast Ventures领投的680万美元A轮融资。

首发于2016年圣丹斯电影节的《游牧民族》（*Nomads*）是该工作室的成名作，该系列分为三集，每集记录一个游牧部落：肯尼亚南部的马赛人、坦桑尼亚北部的巴瑶族和蒙古族，通过位置跟踪再现游牧部落，为濒危的少数民族文化留下了最趋于真实的宝贵影像。其VR纪录片《人民之家》（*The People's House*）斩获艾美奖最佳原创互动节目奖，这是一部与奥巴马夫妇一起逛白宫的纪录片，制作人员利用特制的VR摄像机和强大的后期技术将VR与白宫完美结合，带给观众一场进入"禁区"随意观察、散漫观看的非凡体验。Felix & Paul工作室为太阳马戏团制作的四部作品也获得了不错的成绩。

2018年，Felix & Paul工作室推出了几部VR短片，包括时长45分钟的真人实拍VR影像*Miyubi*、韦斯·安德森的定格动画片《犬之岛》（*Isle of dogs*），以及与Oculus合作的VR纪录片《太空探索者》。其中，《犬之岛》用木偶制作，以传统的定格动画技巧进行拍摄，讲述了在未来的日本某地，所有狗都被流放到荒岛上，一个小男孩为寻找自己心爱的宠物狗踏上漫漫旅程的故事。独特的拍摄视角，表面治愈，内含政治隐喻，极具美感，创意无限，影片获得了第91届奥斯卡金像奖最佳动画长片提名。

Felix & Paul工作室主要以VR实拍为主，精致细腻、严密周到，无论是精心设计的场景、角色细微的表情，还是审美与逻辑的结合，处处体现着专业精神，将舞台的戏剧设计元素与实拍技术相结合，在纪录片中发挥名人效应，独具创意。该工作室除了打造精湛的作品，还大力发展创作机制、软硬件技术以及拓宽发行和销售渠道等多方面。例如采用线上线下独家内容合作方式，将Oculus作为其独家线上发布平台，与世界知名人士和领导人合作拍摄VR纪录片；在线下，2018年，欧洲最大VR院线MK2买下了Felix & Paul工作室为太阳马戏团制作的四部获奖作品。它集创造性解决方案和专用工具于一身，包括先进的VR摄像头系统及后期制作软件，并且早在2015年就成立了独立3D声音工作室Headspace，由Felix & Paul工作室原负责音效的专家Jean-Pascal Beaudoin领衔进行专业的音频录制、设计及处理，是全球唯一的全方位、多维度的VR工作室。

（四）Spotlight Stories及作品

Spotlight Stories与上述三者不同，它并不是专门的VR影片制作工作室，而是一款应用，最初由摩托罗拉创建，专注于移动端作品。2011年，随着谷歌125亿美元的收购，Spotlight Stories成了谷歌公司的一部分，隶属于ATAP（先进技术和产品）部门，开始致力于360度视频和VR影片的创作。

《救援》（*Help*）是Spotlight Stories发布的首部短片，刚一公映就获得了广泛关注。该短片采用真人实景拍摄，将CG技术和VR实拍相结合，创建了一场震撼人心的视觉盛宴，并且采用长镜头和360度无死角的拍摄手法，创作方式独具特色，带给观众一种身临其境的“纪实感”。其第二部VR影片《车载歌行》（*Pearl*），讲述了一对父女以及一辆使用超过20年的老汽车的故事。影片在欢快的歌曲和温馨的画面中追忆父女温情，感人至深。该片由奥斯卡金像奖最佳动画短片导演帕特里克·奥斯本（Patrick Osborne）执导，获得第89届奥斯卡金像奖最佳动画短片奖提名。

随后，Spotlight Stories推出了一系列VR动画短片，如《有风的日子》（*Windy Day*）、《特殊快递》（*Special Delivery*）、《鸣虫之夜》（*Buggy Night*）、《回到月球》（*Back to the Moon*）、《豹之子》（*Son of Jaguar*）等。这些影片与其他VR工作室相比，并不过分追求事物的纹理质感和真实效果，具有强烈的动画表现主义色彩，在场景设计、视觉引导设计上都颇具特色。近年来，Spotlight Stories又推出了几部VR作品：《雨或晴》（*Rain or Shine*）、《小猪》（*Piggy*）和《风帆时代》（*Age of Sail*）等。《雨或晴》是一部交互式VR短片，讲述了一个伦敦的小女孩戴上墨镜后发生的神奇故事，观众可以自由寻找情节支线与故事进行交互，并且能够利用目光停留在某处时间的长短来决定所看内容的不同。《小猪》是经典卡通系列笑料的集合，观众可以通过注视点方向来控制具体的时间，使得角色直接与观众交互。首发于2018年威尼斯国际电影节的VR短片《风帆时代》，是一部时长12分钟的短片，讲述了一个老水手在海上遇到并拯救了一个落水的小女孩，为了保护小女孩，老水手重新扬起风帆，从一个酒鬼变身为拯救他人的超级英雄，是关于同情和救赎的故事。

该片相较于之前的影片时间更长，情节更为复杂，展现出谷歌在VR 影片创作中的创新思维。

Spotlight Stories 努力探索新方法，将VR 创意故事与创意技术和工具相结合，力图创作出一种新的动画讲述方式，其先后创作了 13 部不同风格的VR 影片，每一部都以独特的方式展现了谷歌对VR 影片沉浸式叙事的创新思考和新兴电影技术的探求。可惜的是在 2019 年 3 月，谷歌宣布计划关闭Spotlight Stories，但用户仍然可以在手机、计算机显示器和VR 头显等设备中沉浸体验。

（五）Penrose 工作室及作品

Penrose 工作室成立于 2015 年，总部位于美国旧金山，是一家VR 影视动画制作公司。2018 年 7 月，该公司宣布获得A 轮 1000 万美元融资，用于VR/AR 电影和体验的持续开发。该公司致力于将技术与情感相融合，以新技术和新媒介方式，探求新的叙事手法，探讨家庭、爱、困惑、恐惧和奉献等具有普遍意义的主题，讲述最动人的故事。

早期代表作品有以经典《小王子》故事为题材的《玫瑰和我》（*The rose and I*）、以安徒生经典童话《卖火柴的小女孩》为故事原型的《艾露美》（*Allumette*），利用新的技术手段制作黏土风格的VR 影片，形式新颖独特，内容温馨感人。之后，工作室又推出新的短片《阿登的觉醒：序幕》（*Arden's Wake: The Prologue*），该片在 2017 年威尼斯国际电影节中获得最佳VR 影片奖，讲述了一个名叫Meena 的年轻女性的故事，她生活在后世界末日，海洋吞噬了整个地球，在一场无法解释的事故发生在她的父亲身上之后，Meena 展开一个大胆的救援任务。影片以一种观众可接受的方式讲述故事内容，浅谈社会问题，引发观众深层思考。其续集《阿登的觉醒：落潮》（*Arden's Wake: Tide's Fall*）在 2018 年翠贝卡电影节首映，延续Meena 的故事，她继续寻找失踪父亲的绝望之旅。影片在制作上有了更多的改进，动画更加流畅，在叙事情节上增加了很多创意，而且聘请奥斯卡知名演员进行专业配音。Penrose 工作室制作的VR 影片风格独特，利用角色的微型效果与观众进行情感互动，使观众情不自禁地产生触碰欲望，沉浸感十足；在影片呈现方式上运用长镜头和连续的广角镜头，给予观众足够自由的同时又能让观众快速抓住主线，避免了场景中的迷失；利用故事的讲述，揭露残酷事实，引起观众共鸣的同时带来深刻的思考。

（六）华特迪士尼动画工作室[①] 及作品

华特迪士尼动画工作室是动画电影的领军者，制作了很多深受观众欢迎的动画电影。早在2016年，该工作室就不断推出常规银幕电影的VR宣传短片，如《奇幻森林》（*The Jungle Book*）、《圆梦巨人》（*The BFG*）、《星球大战》（*Star Wars*）等。这些短片主要依托于同期推出的银幕动画电影，采用不同的新媒体设备使得观众对相同剧情的短片产生更加身临其境的感受，其主要目的在于加大对同期影片的宣传与关注。这些短片时间较短，时长在1分钟左右。这些影片都聚合在迪士尼发布的一款名为"迪士尼电影虚拟现实"（Disney Movie VR）的应用中。2017年，该工作室与皮克斯动画工作室一起发布了一款VR体验（Coco VR），也是依托于其奥斯卡获奖作品《寻梦环游记》（*Coco*）所创作的。

直到2018年，华特迪士尼动画工作室才正式推出其首部VR短片《人生循环》（*Cycles*），该片在2018年8月的SIGGRAPH年会上首映。由迪士尼动画灯饰艺术家Jeff Gipson执导，它以诠释一个家庭的真正含义为中心，展示了一个家庭的悲欢离合与酸甜苦辣，深刻传达了家庭的重要性及守护家庭成员的重要意义。其灵感来自Gipson本人的真实经历——他与祖父母生活在一起的童年时光，那段时光成为他对家庭最难忘的记忆。Gipson和他的团队使用Quill VR绘画工具和动作捕捉技术作为电影的可视化手段，结合画家和艺术家制作的雕塑或3D人物模型绘制场景VR空间，将记忆中的人和物串联起来，重述了老房子的温暖时光。继《人生循环》成功之后，迪士尼在SIGGRAPH2019的VR Theatre中，首映了全新的VR短片《风筝故事》（*A Kite's Tale*），该影片由Bruce Wright执导，将经典的手绘动画方式和虚拟现实技术结合起来，讲述了两只风筝的奇异故事。

① 华特迪士尼动画工作室，https://www.disneyanimation.com/。

华特迪士尼动画工作室不仅注重影片的创作，还与第三方合作探索VR其他领域的开发，如与工业光魔、THE VOID联手开发的线下VR体验《无敌破坏王》（*Ralph Breaks VR*）多人冒险游戏。在软件方面也有所突破，其技术团队开发了一款新的VR制作工具PoseVR，专门用于动画师在VR场景中制定角色动作，拓展了VR作为CG角色制作工具的潜能。

第二节　VR影像的叙事特征

虚拟现实技术的叙事性是VR影像三大特性之一，与传统电影相比，VR影像在叙事特征上存在诸多差异[①]。首先，从叙事方式来说，VR影像打破了空间局限性，构建了360度空间的叙事模式[②]。由于常规电影中视框概念的限制，观众对视框外的叙事无从知晓，不得不跟随蒙太奇营造的叙事进行观影，而在VR电影中，有限的视框被全景视域消解，常规电影的蒙太奇语言失效，视觉引导成为叙事的关键因素[③]。其次，就内容而言，VR影像的剧情与逻辑都相对简单，基本以一条故事线为主，而因为其全景视域的属性，为丰富信息量，主、次要信息的话语传达方式改变，非主线剧情的设计纳入叙事范畴。

从艺术审美的角度讲，艺术本身并非审美对象，而是作为宗教仪式的对象显示了它的膜拜价值[④]，大众和艺术之间的距离使人们感受到对艺术本身的恐惧，从主观上赋予了艺术神秘感。正如本雅明所肯定的，“光晕”的消退打破了对艺术的闭锁认知，使主体与客体间更加平等，是具有积极意义的[⑤]。在

---

① 杜鑫. VR电影与传统电影的叙事差异分析［J］. 四川戏剧，2019（9）：104-107.

② 冯锐，殷鹏. VR电影的叙事方式与叙事逻辑创新［J］. 当代电影，2019（2）：153-156.

③ 周雯，徐小棠. 沉浸感与360度全景视域：VR全景叙事探究［J］. 当代电影，2021（8）：158-164.

④ 张文杰. 艺术“裂变”时代的美学：从艺术转型角度来阐释本雅明的艺术理论与文化美学思想［D］. 上海：复旦大学，2009.

⑤ 赵雨辰. 艺术光晕的消失与重现：从仪式角度探究现当代艺术［J］. 美与时代：美学（下），2013（8）：31-35.

VR 技术飞速发展的今天，这些客观属性在艺术作品中，尤其是VR 影像领域目前最广为人知的VR 叙事短片中消失不见，VR 技术本身带来的沉浸感、交互性和多感知性也正在改变人们对数字媒体艺术的感知方式，观众已经能够介入叙事，正是对既有审美秩序的革命性影响与颠覆。

随着科学技术的发展与社会审美的普遍提高，数字媒体技术与数字媒体艺术由割裂逐渐走向弥合，使用主体希望新时代的数字媒体兼具艺术性与实用性的功能，只有双方互相包含、互相推动，新时代的数字媒体才能走向更加良性的发展。VR 作为一种新的数字媒体形态，不断改变着叙事影像的内涵和外延。针对VR 技术这一新的媒介平台，探讨VR 影像与常规电影叙事的不同，探索VR 影像的叙事方式与叙事逻辑，已经成为不可回避的课题[①]。

一、VR 影像的空间叙事

空间叙事的概念最早由约瑟夫·弗兰克在《现代小说中的空间形式》中首次提出[②]，并随电影艺术的发展不断发展，从文学领域拓展到电影学领域，成为电影叙事的一个重要表达手段。VR 影像借助于虚拟现实技术对现实物质世界数字化影像的模拟和建构，打破了常规电影中的空间叙事范式。虚拟现实作为一种新媒介，在叙事中还未形成成熟的叙事语法，现有的作品大都借鉴已有的传统媒介的叙事方法进行尝试与探索，在虚拟现实与传统媒介相比较的过程中总结出属于虚拟现实独特的叙事特征与方法。

从空间的本体性特征来说，虚拟现实叙事空间具有其他媒介所不具有的、更重要的作用与功能。第一，不同于以往传统媒介的二维、三维空间，虚拟现实所营造的是一个多层次的、立体的多维空间。其空间具有更大的信息量与创造性，突破了以往媒介的屏幕限制，影像不再只是通过长宽固定的屏幕进行传播，而是观众身处其中，可以随意地转动头显，选择观看角度。因此，虚拟现实的空间设计与以往媒介大有不同，观众看到的不再局限于导演镜头

① 丁妮，范笑竹. VR 影像叙事：虚拟空间创设、情境信息编码与受众身份认同［J］. 电影评介，2022（1）：12-15.

② 赵靓.《第二十二条军规》中的空间叙事效果［J］. 青年作家（下半月中外文艺版），2010（4）：14-15.

所选定的观看区域，观众所处的整个环境空间均是其可以选择观看的区域，所以虚拟现实的空间设计需具有更高的空间完整性与更大的信息量。并且，虚拟现实空间由于其“虚拟”场景，所以更具有假定性与创造性，能在作品中创作实现更多在电影、舞台所不能实现的场景环境设置，观众可以随意置身于任何想象的场景中。例如在虚拟现实中最常用到的科幻题材作品，观众常常置身于宇宙或海洋之中。由此可见，虚拟现实空间由于其更大的创作维度、更广泛的创作题材，所以在设计时具有更大的创作空间，构想性、创造性极强。第二，虚拟现实作品中，因为观看的自由度，所以叙事方法大多不再沿用传统媒介中的单线性叙事方式，更多地将观众作为故事的主体，让观众在故事中找到定位和身份，在空间中进行探索与交互，从而引发出多种故事线。由此，虚拟现实作品的叙事具有“时间去中心化”的特征，多个维度的剧情平行发展。失去了镜头的限制，怎样进行交互式叙事成为虚拟现实作品的重点。观众在作品中失去了镜头语言的引导，从而转向对空间信息的探索，试图在空间中寻找信息与线索引导，因此空间也具有了更多的功能性。第三，虚拟现实最大的特点是沉浸感。虚拟现实空间类比于传统媒介的创作组成元素，便可以转换为电影的布景设计、舞台剧的舞美设计、动画片的场景设计等。尤其因为其媒介特性，观看虚拟现实作品的观众置身于创作者所营造的虚拟空间中，这个空间既是观众所身处的环境，也是故事所发生的空间。所以为了创造出更好的沉浸感，发挥出虚拟现实这种新媒介更大的优势，其空间设计显得尤为重要。

（一）VR 影像空间

在传统媒介的叙事中，空间设计方法已较为成熟，例如戏剧、电影、动画等发展时间较长的媒介都已有了一套自己的叙事方式与设计方法，虚拟现实在许多方面与传统媒介有一定的相似之处，所以类比总结传统媒介与虚拟现实的异同，对于虚拟现实叙事设计很有必要。具体来说，电影与舞台相比较而言，电影场景设计本质上来源于舞台空间布景，电影更多地运用了镜头语言、场面调度及蒙太奇等手法来形成叙事。如《论电影场景设计的美学风格》中提出：“在电影制作时，人们通常都是以‘镜头’和‘场景’作为划分影片叙事结构的基本单位。一个电影场景是数个镜头的组合，在一组或者数组镜头中人物活动的时空景观构成了电影的场景，场景的变换也意味着故事情节的推移和发展。"[①] 电影场景通过拍摄的手法平面地呈现在屏幕上，但拍摄时可以采用更多的场景布景方式，运用更多的透视、立体布景等手法，与戏剧舞台设计相比在创作中有更多的可能性和灵活性。动画本质上是电影的分支，但是相对于电影来说，动画有了更多的"假定性"，在整体形式美感及风格上更好掌控，有更大的可创作性。如《论影视动画的场景造型与场景空间》中提道："由于动画场景的设计的根本出发点是满足角色表演的需求，所以就要正确处理好角色运动的路线、动作和场景之间的关系。动画场景在创设客观的空间范围时，还共同承载展现社会空间和心理空间的双重任务，它和动画情节、角色等息息相关，同时也是互动的关系，所以设计者在设计场景空间时不能简单地把镜头作为填补画面空白的方式。"[②] 动画作为一种时间与空间都同时流动的视觉艺术，在创造空间的时候要更加注重整个动画的叙事空间与心理空间，增强观众的理解及空间之间的互联性。

VR 空间相对于舞台、动画和电影空间场景设计来说，会有更大的可操纵性和观看性。首先，它具有电影和动画所不具有的三维空间，这一特点与舞台空间相似，具有真实的场景空间，观众是空间中的一分子，参与空间的叙事与创造。其次，它是在虚拟的世界中营造一个虚拟空间，所以比舞台空间更加多元化，更加具有创造性，这一点与动画空间场景设计相似。由于其"去镜头化"的特点，如果想在虚拟空间中进行电影叙事，则要借助舞台空间的部分视觉引导手法，例如光线引导等。所以，VR 空间场景的设计集其他媒介设计特性的优势于一体，同时又具有自己的特性。如何将这些优势与特性都发挥出最好的作用与效果，就成为VR 这种新媒介空间场景设计需要探索的方向。

秩序感对于虚拟现实的空间布局设计有着基础性的指导作用，从此视觉设计基础理论出发去探索虚拟现实这种新媒介的设计方法非常必要且具有可行性。物体布局与灯光设计在空间塑造中具有基础性作用，对于形成一个易

① 马强. 论电影场景设计的美学风格［J］. 电影文学，2011（17）：24-25.

② 朱晓娟. 论影视动画的场景造型与场景空间［J］. 电影文学，2012（23）：54-55.

于认知，同时具备环境氛围的空间有着直接的影响。贡布里希在《秩序感》一书中指出，“有关秩序是如何得来的这个问题自从哲学出现之日起便已存在了”[①]。贡布里希作为20世纪最有洞见的英国美术史家和最具独创性的思想家之一，其装饰理论研究成就卓著。他认为秩序感是人类和其他动物都具有的，同时还指出有机体在生存和竞争中发展出了各自的秩序感，这种秩序感不仅体现在其存在的环境和生存的方式是有秩序的，更为非秩序提供了一种参照系，以确保整个生态的稳定与平衡。这正是我们在艺术创作中需要考虑的，在复杂的视觉信息中，如何形成规律的、大众可解读的视觉层次，从而提高作品的可读性与观赏性，在秩序感中完成艺术作品的观念与情感的表达，这都是创作中尤为重要的部分。在贡布里希的秩序感理论中，三个基本构成包括空间比例、空间的重复性和空间平衡。

1. 空间比例

秩序感的比例主要强调人在日常生活中对普通物体的大小有一定的认知与记忆，所以在初入一个陌生的环境或初见一件艺术作品时，首先，人们会从认知大小比例的角度对新的环境或新的作品中的事物进行认知与判断，确定自己所处的周围环境以及方向，以适应新的环境与设定；其次，人们会将许多熟悉的场景以及熟悉的比例关系直接认知为“解读过”的信息，由此实现对大环境的迅速认知，用更多的精力解读更深层次的信息，从而拉开视觉感知层次，层层递进地解读视觉信息，形成视觉节省。

2. 空间的重复性

贡布里希在其理论综述中提到秩序感在某种程度上给非秩序提供了一种参照系，秩序感连续出现时，重复的秩序感元素会使人们产生连续的视觉认知，当中间突然出现非秩序感元素时，视觉认知就会受到震动，从而形成秩序感元素的“中断”。这种“中断”在某种程度上促使“视觉显著点”的形成。“所谓的‘视觉显著点’一定是依靠这一中断原理才能产生。视觉显著点的效果和力量都源于延续的间断，不管是结构密度上的间断、成分排列方向

① 贡布里希. 秩序感［M］. 杨思梁，徐一维，范景中，译. 南宁：广西美术出版社，2015.

上的间断，还是其他无数种引人注目的间断。”[①] 然而这种“视觉显著点”可以使人们在视觉认知中快速找到较为重要的内容，在视觉认知层次上有突显的效果，从而也有助于整个视觉层次的形成与逐层快速认知。贡布里希在书中将这种视觉层次的作用称为“注意力的节省”，即“为了节省注意力，感官系统只监测能引起新的警觉的刺激分布变化”。秩序感重复有利于人们在空间中迅速找到秩序的存在而快速认知，但是过分的重复会使整个设计失去意义，变得单调无味，所以重复的适度与变化的出现，非常有利于塑造舒适的、易于快速认知的环境与突出的视觉中心，形成较好的视觉层次。

3. 空间平衡

贡布里希强调对称所产生的平衡感，对称的物体有利于给人带来安定感，增强舒适度，从而使视觉中心更突出而易于寻找。对称不光是普遍意义上的形状对称，还是一种视觉平衡，其中可以通过纹饰的疏密、颜色的轻重来设计平衡。关于对称，贡布里希还提道：“在双边对称图形中，中心轴必须是一种‘吸引眼睛的磁铁’，因为从定义上说，它是序列中唯一没有重复的部分。”由此，对称在某种程度上与前文提到的“中断原理”相互呼应，中心轴形成了一个视觉显著点，由此更利于引导视点，进行表达或叙事。

（二）景别与景深的概念瓦解

就景别而言，常规电影在相对静态的人物上表现镜头的动态，而VR 影像是在静态镜头的基础上形成人物的动态。就景深而言，目前的VR 技术难以形成常规电影视觉上的焦距变化，导致人脑会在短时间内辨认出VR 环境的虚拟性，在对该客观现实进行主观模拟时，天然失去真实感。这就要求VR 影像以叙事技巧规避景别与景深无法实现的问题。

面对景别与景深不再适用的状况，VR 影像可以采用多种方式应对。以VR 叙事短片为例，就剪辑与镜头的运动而言，Spotlight Stories 发布的全景影片《救援》作出了较好的示范。该叙事短片讲述了掉落在洛杉矶的一颗陨石将唐人街砸出一个大坑，同时巨大如哥斯拉的外星怪物出现，引发人们恐慌，

① 贡布里希. 秩序感［M］. 杨思梁，徐一维，范景中，译. 南宁：广西美术出版社，2015.

年轻的女主角试图以各种方式逃离困境的故事。在女主角逃生的部分，影片在不改变全篇叙事节奏的前提下使用了速度较为缓慢的推拉镜头，以便在无剪辑的长镜头中带领观众领略女主角逃生的路线，效果引人入胜。就交互方式而言，如Spotlight Stories与英国阿德曼动画公司（Aardman Animations）联合推出的叙事短片《特殊快递》，在交互环节使用了眼动传感器，用以判断观众的视线集中于何处。当观众的视线涉及主线剧情时，就会触发叙事事件，而当观众把视线移向别处，比如从主角身上移开转向窗外的景色，主线故事就会停止；当观众移回视线时，主线剧情会再次触发。

（三）剧情与空间的关系重塑

空间叙事作为一种影像叙事手段，本质上就是创作者通过空间来推动影像叙事的发展[①]。VR影像更多的是空间进行叙事，以空间为基本框架，在全景的空间中设置情节，而常规电影更多的是剧情叙事，将空间纳入剧情设计，并将空间融为情节的一部分，两者是有着根本差异的。VR影像将尽可能多的信息放置在空间中，留给观众空间与时间去探索而并不着急让故事发生；常规电影将尽可能多的信息通过蒙太奇手段传达给观众，叙事的展开与读取时间较短。VR影像的空间叙事，打破了常规电影的认识论范式。如果是基于视觉奇观的叙事，且在主线剧情中运动物体较多，主线叙事环境与背景环境差异较大，可以进行VR影像的尝试。

二、VR影像的叙事信息表达

传播信息是媒介的重要目的，电影作为一种重要的媒介手段，传播创作者的意识形态、观点观念等，在常规电影叙事中已经形成了稳定的表达逻辑[②]。在常规电影中，主要信息通过主线剧情展开，次要信息通过非主线剧情渗透，情绪与气氛通过背景信息烘托，观众已经习惯了这样的叙事文本，并形成了一套规范的结构认知。VR影像作为电影的新形式，也承担着传播信息

① 张强. 空间再造：VR电影的跨媒介实践［J］. 当代电影，2018（8）：124-126.

② 张劲松. 类型电影中的意识形态机制、层次与策略［J］. 文艺争鸣，2010（16）：50-53.

的任务[1]。然而在这一生产与传播的过程中，VR 技术因其自身的特质造成了信息传播的阻碍。首先是在创作者的语境中，通过主线剧情传达的主要信息无法百分之百到达目标受众，通过非主线剧情传播的信息也容易被观众所遗漏。背景不再是简单的气氛渲染工具而是具有了新的能指，甚至可以通过交互成为新的叙事点[2]。

（一）非主线剧情承载重要的叙事功能

正如文学领域所探讨的，在新时代的冲击下，经典叙事学的理论基础与研究范式正面临着全面消解，走向后经典叙事是一种必然，随着VR 技术的风生水起，在VR 影像之中，以常规电影主线剧情设计方式为来源的剧情设计范式不断更新变化着。巴赞曾为“不能同时拍下一切”感到遗憾，怎料“一个要多长就有多长和要多大就有多大的单镜头构成”终于可能借助VR 技术来实现。

VR 技术为叙事提供了 360 度的自由空间，主线剧情有时无法为观众提供足够丰富的信息量。在这样的状况下，用以烘托气氛、添加趣味点等辅助主线剧情的非主线剧情应运而生。与常规电影的非线性叙事不同，VR 影像中的非主线剧情大多采用线性叙事的方式，与主线剧情同时出现在画面内。如Spotlight Stories 于 2016 年发布的《车载歌行》，除女主角在车内空间与父亲的主线故事之外，车窗外路人的状态及时间、景色的变化成功地丰富了信息量，避免观众在抒情的叙事中分散注意力，同时弥补了该叙事短片缺少交互方式的问题，也反作用于主线故事的气氛烘托，起到提示时间的作用。又如Oculus 于 2017 年发布的《亲爱的安吉莉卡》使用了独立研发的绘画工具Quill，使主线剧情进行流动化的叙事，每一帧镜头都在绘画笔刷的变化中生成新场景，非主线剧情围绕主线剧情不断发展，以静态长镜头与动态的画面相结合，弥补了蒙太奇在VR 叙事短片中无法大量使用的遗憾。

---

① 田丰，傅婷辉，吴丽娜. 感知视角下VR 与传统电影视觉表达比较研究［J］. 电影艺术，2021（5）：136-146.

② 丁妮，周雯. 虚拟现实艺术到来了吗？——试论VR 电影创作的视听语言与交互性［J］. 当代电影，2019（2）：160-163.

在当前的VR影像中，观众的关注点已经不满足于对主线故事讲述的认同，更是从对故事中符号表意的探索转移到了对故事文本编码的好奇。如何讲好非主线剧情的故事，使之为主线剧情服务而不抢戏，在平淡中富有新意，是需要经过精心设计的。

（二）背景信息的设计纳入叙事范畴

VR影像为观众提供了360度无死角的视域，在这一语境下，背景的能指已经发生了极大的变化。在常规电影的思维中，背景是叙事主体所处的周围环境的一个部分，能够起到烘托与渲染的作用，但无法实现叙事功能，观众也不会对背景信息产生过多的关注。然而在VR影像中，观众的视点得到了极大解放，对于背景的解构成为解构叙事过程中非常重要的一个环节。

当背景不能纳入主体叙事，就必须对背景信息加以设计。空间的搭建、光线的变化、色彩的选择，这些已经在常规电影中形成体系的设计自不必赘述，而VR影像中，那些曾经被创作者藏在电影银幕边框外，不想被观众看到的信息都会被捕捉到。背景不在叙事范畴内是常规电影逻辑中对VR的一个误判，这种对背景判读的失误，很容易造成主体叙事的被干扰，打乱叙事节奏。

由于目前VR技术的视觉输出仍存在局限，无法在虚拟环境中就真实程度匹配生理要求，再者VR影像需要在单维屏幕上构建三维空间，其表达本身就需要景深虚化效果辅助。在这样的语言体系中所形成的虚拟环境与真实环境相比既具有明显的虚化感，又不同于常规电影所带来的景深效果，挑战观众的习得性观影经验的同时，也会导致观众的视觉对背景信息产生过多的停留，进而忽略主线剧情。VR影像的背景信息不可避免地会对叙事造成影响，它必然成为创作者在创作时所要考虑的重要因素之一。

三、VR影像受众的身份认同

（一）VR技术：受众介入叙事的渠道

在常规电影叙事中，观众介入叙事都是在创作者的全控制之下进行的。偶尔的击穿似乎带来介入的效果，但其实质是观众与作品的间离："忘我"的观众突然“清醒”，意识到自己并非戏中人，迅速脱离当时叙事想起自我身份以及身处何地，甚至会给观众带来打破“第四面墙”的惊吓，而非介入。VR影像中观众的介入，是创作者为观众提供直接介入叙事的平台，观众通过与剧情中的人物、场景等发展互动，甚至可以创作属于自己的情节，直接参与叙事。相比其他任何一种艺术类型，VR影像受众具有更加复杂、明确、重要的叙事身份，在实现具身认知的同时也进行完整叙事①。

首先，VR技术为创作者与观众搭建了相对平等的艺术共享平台，观众正在以自身的话语体系对VR影像进行编码与解码，使一部分原本专属于创作者的叙事权利被交还给观众。加之由于全景视频中360度的自由空间，VR这种媒介形态所提供的全知视角充分调动起了观众的主体意识，其主观能动性获得充分的发挥。随着技术的更新与迭代，甚至日后可能会出现这样一种状况：VR创作者只需要负责制定故事的发展规则，由人工智能等技术进行演算，生成剧情，再由观众为主导展开去中心化的叙事。其次，VR技术使观众能够从浅层观看层面过渡到深度体验层面，激发观众更为强烈的求知欲与探索欲，甚至使观众从受众的身份抽离，成为VR内容的传播者，进一步促进其主观能动性的发挥。

（二）对观众脱离主线剧情问题的解决

与传统电影相比，观众在VR影像中的观影视点选择要更加丰富，且自由度更高，这一定程度上提高了观众在VR叙事中的身份权重，增强了沉浸感，但同时也对观众的观影习惯形成了挑战。VR影像大多展示的是360度全景画面，因此创作者往往会在叙事主体之外安排其他视觉元素填充画面，当观众对全景虚拟环境或非主线剧情产生浓厚兴趣而忽略主线剧情时，“我”身处故事中却没有跟着剧情发展接受该叙事，处在“跳戏”的状态时，怎样使观众不丢失对剧情的理解是VR叙事需要解决的问题。这就要求VR影像的创作者摒弃传统叙事逻辑，以互动思维思考整体叙事架构，从视觉、听觉等多元角度吸引观众，及时将跳脱主线剧情之外的观众拉回剧情之中，或是将主线剧

① 王楠.基于具身视角的VR电影场境叙事［J］.当代电影，2018（12）：111-115.

情与非主线剧情结合起来，形成叙事联动。同时，又要在紧密的叙事架构中，为观众提供足够的自由空间，去理解和探索全景虚拟环境及非主线剧情。

（三）VR叙事中受众自我身份认同

1. 解决“我”是谁的身份认同问题

当受众介入叙事，就必然会提出一个问题：介入叙事的“我”是谁？就像电影诞生之初，卢米埃尔兄弟放映《火车进站》时，许多观众惊慌地离开座位一样，很多观众在第一次观看VR影像的先导——VR叙事短片时，对自我认知产生了不同程度的焦虑。从认知科学的角度讲，身体归属感、涉入感以及态势感知都是自我意识的重要组成部分[①]，当置于全景虚拟环境中时，观众的自我意识受到猛烈冲击，第一个疑惑点就从“我”是谁生发，并进一步就身份认同提出问题：“我”将在故事中扮演什么样的角色？如同安德烈·巴赞陈述过的，电影是奇观化、游戏化、娱乐化的生活，更是再现世界的原貌[②]，而当观众第一次置身于这种奇观中时，代入感并非自然而然产生，而是基于叙事本身的发展而发展。

从叙事视角而言，常规电影大多是以第三人称为主视角进行叙事，VR叙事短片为第一人称叙事提供了剧情上的参与感，这整个过程就需要创作者的精心设计。很多VR叙事短片意识到了这样的困境，并就该问题做出了不同尝试。比如通过外界事物如镜子、倒影进行暗示，或为观众设计具体的形象，当观众自行探索时即可认知“我”，甚至获得惊喜感。如Baobab工作室制作的《入侵！》，当观众低头看自己的身体时，会发现自己拥有与主角兔子一样的身体和爪子，直观地认识到自己是参与剧情的另一只兔子，消除了观众对自我身份的疑虑。或直接模拟第一人称视角，如2016年美国圣丹斯电影节上发布的叙事短片《油脂》（*Defrost*），将主角的身份通过第一视角所看到的乘坐轮椅的画面表现出来，并利用与医生、家人直接对话来暗示观众“我”的身份，最后医生举起镜子，观众看到映在镜子中的年轻女性就是“我”本人，

---

① 黄朝斌. 当代电影视觉奇观与消费文化语境的趋同［J］. 电影文学，2015（3）：24-26.

② 张强. 空间再造：VR电影的跨媒介实践［J］. 当代电影，2018（8）：124-126.

直观界定观众自我身份，很好地将观众代入模拟角色第一人称中。

从视角高度来看，目前比较成功的VR叙事短片都基本保持正常人的视线高度或与拟人化的主角视线一致的高度。在常规电影中，非人类视线高度的镜头比比皆是，意在表现某个叙述主体的某种叙事状态。当观众完全沉浸在全景虚拟环境中，必然会将自己的主观意识带入客观叙事中，如果以非常规的视角进行叙事，只会增加观众的疏离感，进一步怀疑“我”的身份问题，造成不必要的焦虑。

2. VR影像中“我”观看的方式

VR技术的出现让叙事有了更多的可能性，在传统的影像叙事中，观众通过创作者给定的视角欣赏故事世界；虚拟现实中的叙事视角可以分为第一人称、第二人称以及第三人称。VR叙事视角与机位视角合为一体，与小说类似，它具有叙事性，但又带有电影的视觉的信息化和游戏的交互性。它的视角具有新的特质。VR更加依赖于身份。根据观者身份的不同，分为第一视角、第二视角、第三视角，即主角视角、次要角色视角、旁观者视角。在虚拟现实中，观众的眼睛就是摄影机。主角视角将观众直接带入叙事中，体验片中人物经历，与所有角色进行互动，从沉浸行为与情绪变化中体验。观众直接根据自身在故事中的遭遇产生强烈的心理变化，从自身出发去思考，将自我与角色同化，可以称为第一人称内聚焦。次要角色视角既是参与者又是见证人，给予观众的信息更加丰富，观众会从自身的经历与事件的整体性出发去思考。旁观者视角仅仅是见证人视角，但又并非上帝视角，而是第三人称内聚焦。

在VR影像中第一人称的使用结合生动的剧情故事与互动，给观众带来不一样的沉浸式体验。在Felix & Paul工作室发行的VR影像*Miyubi*中，观众被抛进故事中，化身为父亲送给儿子的小机器人Miyubi，通过Miyubi的眼睛360度自由地巡视周围发生的一切。Miyubi无须说话，却可以与每个人互动，陪妹妹Cece“过家家”，倾听妈妈的喋喋不休，安静地看着爸爸落寞留守。影片中的Miyubi既是家庭的成员，又是这个家庭动态的见证者，而这种身份通过第一人称赋予到观众身上，萌生出深入人心的共鸣与身临其境的感动。

第二人称很少用于媒介叙事，但VR的交互潜力可以通过第二人称让受众获得更多的参与感。例如VR动画《入侵！》，故事中，观众化身为小兔子的形象，与影片主角一起经历事件进程，在剧情中设计多种交互行为，如眼神的凝视、动作的交流，加强观众的身份认同感与沉浸感，使观众由一般意义上的旁观者变成故事参与者，无论角色还是事件都足以触动观众的内心。

图 2-1　VR影像作品*Miyubi*

图 2-2　VR影像作品《入侵！》

在VR影像中，第三人称更像一个旁观者，例如VR动画《亨利》，观者既不能干扰故事的走向，也不能与空间中的元素产生互动，唯一的交互就是观众视角的自由转动。这种人称视角类似于传统叙事中的零聚焦，观众只是一个见证者，缺少了感同身受的沉浸感。

图 2-3　VR 影像作品《亨利》

四、VR 影像的用户蒙太奇

蒙太奇（montage）是电影构成形式和构成方法的总称，是电影创作的主要叙述手段和表现手段之一。电影美学家贝拉·巴拉兹指出，蒙太奇是电影艺术家按事先构想的一定的顺序，把许多镜头连接起来，结果就使这些画格通过顺序本身而产生某种预期的效果。在传统电影中，导演利用蒙太奇的手法对不同时间长度的单个镜头进行排列组接，将故事中不同的时间、地点、事件等信息进行共时性制码，形成一连串的叙事结构与叙事编码信息。

VR 影像是一种 360 度的全视角媒介，由于VR 技术为电影提供了 360 度的创作空间，常规电影画面的三分法、九宫格、黄金螺旋线等构图概念在不同程度上失效。从这一意义出发，VR 影像的蒙太奇文本必然面临重塑。

在 360 度全视角媒介场景中，叙事信息在空间中的分布及时间分布是非常密集的，且数量远大于常规银幕影像的信息量，而用户在VR头显设备中的视野（Field Of View，FOV）通常为110度，小于人在现实生活中的双目视野（200度—220度），更远小于360度空间视角。

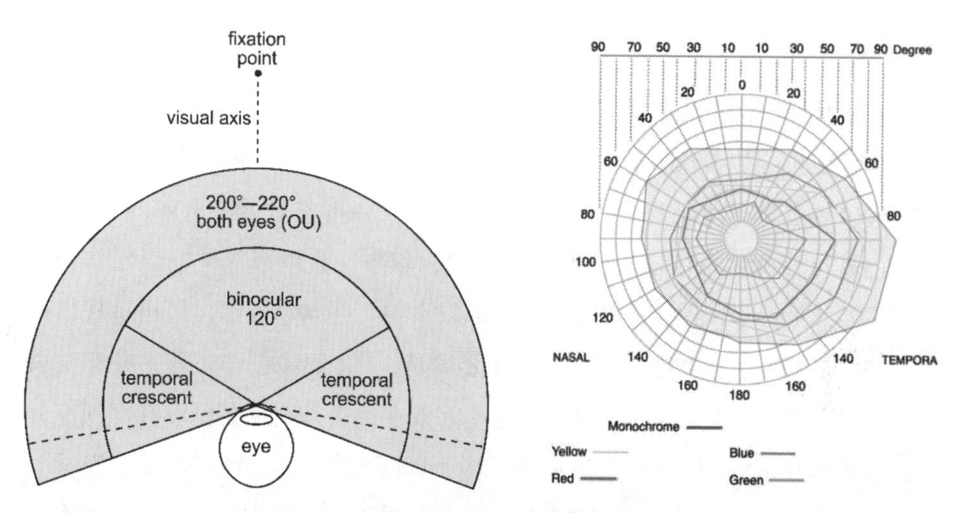

图 2-4　人类的双目视野与VR头显设备视野

基于心理学的选择性注意理论和认知资源理论，观众对于大量的信息会进行选择性加工，在认知资源有限的情况下，观众在VR影像的任意时间点内会选择性地注意和加工部分空间信息和剧情内容，在缺少有效视听引导的情况下，观众可能会错过关键剧情内容以及对应的空间分布。但由于人的知觉具有整体性和意义性两个基本特征，选择性的注意和加工可能并不会影响观众对于剧情内容的理解，当观众在观看某些不完整的剧情内容时，理解有助于人们把缺少的部分补充出来[①]，知觉系统具有把个别属性、个别部分综合成整体的能力。基于知觉的这种特性，用户会将不同空间分布、不同时间点的剧情信息进行意义整合，我们称之为“用户蒙太奇”，与常规银幕电影中通过剪辑达到的蒙太奇效应相类似。

① 彭聃龄. 普通心理学（修订版）[M]. 2版. 北京：北京师范大学出版社，2001.

第三节 VR 影像的创作特征

近年来VR 影像作品表现出很多具有鲜明特征的创作特色，例如在叙事、空间声音定位，以及交互性的设计方面，都表现出有别于传统电影的独特创作模式。从电影本体以及VR 技术双重角度出发，本文对近年来VR 影像的创作特色进行分析和总结。从电影本体出发，叙事一直以来都是电影创作中的核心要素，虽然VR 影像仍遵循传统电影叙事的一些基本规则，但也呈现出一些与VR 技术有关的独特性。而更为重要的是，VR 影像创作还有一些非常关键的因素与VR 技术应用密切相关，这些因素在过去乃至现在仍没有得到充分重视，使得我国VR 作品的创作水平远低于国际VR 作品。场景设计、视觉引导、声音定位和角色互动设计等与VR 技术息息相关并具代表性特征的创作元素，在近年来的VR 创作中起着越来越重要的作用。基于以上思考，本文在对近年来知名VR 作品解读的基础上，从五个关键要素出发，即剧情设计、场景设计、视觉引导、声音定位和角色互动设计，对VR 影像创作的视听语言机制和交互性设计问题进行分析，深入探讨这些要素在VR 影像创作中的独特性及其发展趋势[①]。

一、剧情设计简短完整

与常规电影相似，叙事依然是VR 影像的主要任务。完整的故事、有趣的情节、饱满的情感、张弛有度的冲突和节奏，这些要素同样适用于VR 影像。但作为一种新媒介，VR 影像还呈现出新的叙事特征。首先，VR 影像制作难度高且成本昂贵，头显设备的重量和佩戴舒适性仍不尽如人意，因此近年来VR 影像多为 5—10 分钟的短片。在这么短时间内需塑造角色、交代关系、创作有趣味性的完整剧情，创作难度颇大。因此，VR 影像更偏向于讲述角色简

① 丁妮，周雯. 虚拟现实艺术到来了吗？——试论VR 电影创作的视听语言与交互性［J］. 当代电影，2019（2）：160-163.

单、关系简单、剧情有趣的故事。其次，VR 影像不仅要讲述故事，还要塑造 360 度的场景，与常规银幕电影相比，VR 影像的场景渲染和场面调度要复杂很多，向观众传递的信息量也更大，而且在故事进程中，创作者需要权衡观众跟随主线和自主探索两种不同体验，创作上存在更多难度和挑战。再次，在VR 影片开始的时候，通常会设计特定的情节或场景，以帮助观众熟悉 360 度全景观赏模式，这就更加压缩了本就短暂的电影叙事时长，对叙事结构和技巧提出更高要求。

以获得艾美奖的两部知名VR 动画电影为例。《入侵！》是Baobab 工作室在 2016 年推出的首部VR 动画作品，片长不到 5 分钟，共三个CG 角色：兔子、老鹰和外星人。故事开始于外太空，一艘装载着两个外星人的飞船快速飞向地球，停在地球的冰湖上空，外星人攻击老鹰和小兔子，结果被聪明的小兔子击败逃回了外太空。该短片剧情相对完整，虽然简短，但内容丰富有趣，由于影片中还需包含让观众环顾四周、熟悉环境的时间，所以需要在更短的时长内成功设计出小兔子与老鹰、小兔子与外星人之间的角色冲突情节。另一部VR 短片《亨利》由Facebook 旗下Oculus Story 工作室创作，获得第 68 届艾美奖最佳原创互动节目奖，其剧情设计上也表现出相似的特点。该片讲述了一只小刺猬亨利渴望朋友，但因为满身尖刺而使大家避而远之的故事。其中，伴随着音乐而起舞的生日气球所营造的欢快气氛与之后小刺猬与气球之间的紧张追逐形成鲜明对比，最后故事以温馨的场面结尾。同样的创作特点也表现在其他VR 短片中，如Spotlight Stories 的《救援》仅用 5 分钟讲述了一个外星人袭击洛杉矶的故事，Oculus Story 工作室的《迷失》是一部 3 分钟左右的短片，讲述了一个机器人寻找手臂的简单故事。这些短片在剧情设计上都非常简短易懂，在短短的几分钟内设计出有趣紧张的环节，节奏紧凑而不冗长。

近几年来，随着制作手段、硬件技术日趋成熟，创作者们对VR 叙事的理解加深，VR 影像的时长呈现逐渐增长的趋势，故事情节也更加丰富。短时长VR 影像或许只是一种初始阶段，随着观看设备的更新迭代、叙事手段的丰富，VR 影像的时长限制应不会构成障碍。2017 年，Felix & Paul 工作室与Oculus Story 工作室已经率先做出了尝试，两家联手制作并发布的真人实拍

VR 影像*Miyubi* 时长 45 分钟，从一个机器人的角度讲述了一个 20 世纪 80 年代美国家庭的故事。如何让故事足够吸引人，让观众在长时间内不觉得头晕而沉闷，这是创作者们未来努力追求的方向。

二、场景设计元素丰富

常规银幕电影中叙事的完整性、新颖性或流畅性是一部电影的核心，同时辅以对应的场景气氛进行衬托和铺垫，但在VR 影像中虚拟情境的创设是直接影响观影者主观体验的重要因素。与传统电影的场景相比，VR 影像的场景设计更为丰富。首先，相对于传统电影的场景搭建，VR 影像需呈现一个完整的世界。单一场景的表现被 360 度的沉浸感所取代，这就要求场景设计丰富充实而层次分明，不经过镜头剪切就能向观众传达丰富而有序的信息。其次，在一部VR 影像作品中，场景数量通常为 1—3 个，一方面，更为丰富的场景会占据观众更多观赏时间，而VR 影像时长有限；另一方面，VR 影像更看重体验，过多的场景对应的是较为复杂的剧情，体验者在短时间内被动接收的信息过多或过于复杂，会降低其主动探索性。再次，VR 现有技术及呈现不适合快速切换场景及多场景频繁变换，在单一场景内讲故事成为当下VR 影像的重要特征。因此，除了故事情节的巧妙设计，场景设计的空间层次和丰富细节也至关重要。例如在《亨利》这部短片中，小刺猬亨利的家是一个三层楼的树洞屋，观众被置于客厅，面前摆放着小桌子、小凳子和地毯；楼下是小刺猬的卧室，观众需走几步才能看清楚全貌，卧室的小床上有亨利掉落的小刺；客厅通过一个小木梯连着阁楼，阁楼上是一个小书房；屋内还有厨房，亨利在影片开始时并未出现在观众视野中，而是隐身在厨房做蛋糕。同样的创作特点也可以在多部VR 影片中观察到，例如《小行星！》的故事场景是一艘太空船，《迷失》的主场景是一片黑暗的森林，《鸣虫之夜》的故事场景是一个忽明忽暗的池塘。这些短片中的主场景多为 1—3 个，虽然主场景数量不多，但是场景中的画面元素非常丰富，配以生动的剧情，同样可以让体验者获得很好的观影体验。

最后，VR 场景的转场设计也有其独特性。在VR 短片创作中，应尽量避免画面变化过快或场景转换过多，以减少体验者头晕不适，保障观众的主动性和身临其境的感受。虽然大多数VR影像都选择单一场景叙事，但也有些影片涉及多个场景，这就必然会涉及转场。大部分短片通常采用淡入淡出的转场方式转换到下一个场景，但也有一些短片采用了较为特别的转场方式，例如短片《回到月球》的转场方式设计得非常巧妙，与故事情节结合在一起，随着主人公到达特定区域，场景迅速转换到一个全新的场景中，两个相邻的场景在剧情和色彩亮度上都有着鲜明的对比，给观众耳目一新的感受。在Spotlight Stories出品的《救援》短片中，导演林诣彬（Justin Lin）并未采用切换转场，而是利用机位快速运动的方法，完成短片中三个主场景的转换。在实拍VR影像*Miyubi*中，机器人Miyubi会没电、被关机或者无故死机，每一个场景转换都是一次Miyubi重启的画面。

图 2-5 《回到月球》转场设计示例

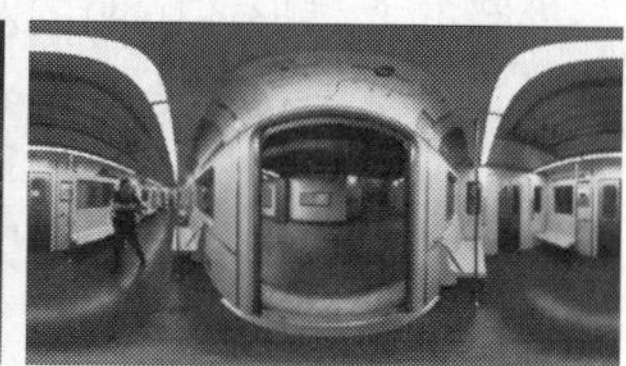

图 2-6 《救援》转场设计示例

三、视觉引导

VR的360度全景特点赋予了体验者自由选择观看场景的可能性，使得VR影像在观看模式上与传统银幕电影有着本质差别。在过去，专业的导演总能巧妙地操控观众的视点，不仅选择要给我们看什么，还决定了我们以什么方式观看。VR场景中观看视角的选择性给创作者带来了极大的挑战，创作者要让故事情节足够吸引观众的注意力，同时也要留给体验者一定的时间和想象空间，以体验全视域图像的魅力所在。通过对已有VR影片内容的分析，我们总结了影片中几种常用的视觉引导方式，包括运动、光线和色彩的对比、声音先导等，这些方式也是传统电影的部分基本规律，但在VR创作中有着特殊的规定。

首先，运动是最常用的一种吸引观众注意力的方式，尤其是VR中的运动物体可引导观众视线到特定视角。例如在《入侵！》的开篇中，外星飞船从静止的地球后方出现并高速飞行，以及在冰湖上空围绕小山飞行一圈降落，有效引导了观众转动头部或身体去追随飞船。《亲爱的安吉莉卡》基于VR绘画软件Quill创作，通过绘画来讲述故事，不同颜色线条的延伸引导观众对故事情节和人物的理解。

其次，光线与色彩的对比也是VR短片中常用的一种视觉引导手法，这种方式类似于舞台剧中的追灯效果，Spotlight Stories的系列动画短片大量采用了这种方式来引导观众视线，例如《进化》（*Sonaria*）中蓝色光点和红色光点的变化；《回到月球》中聚光灯下出现的关键情节或人物；《鸣虫之夜》中黑暗的池塘里青蛙和小虫子出现在聚光灯下；《迷失》中的萤火虫在黑暗的森林中飞舞；《亨利》中小刺猬吹灭生日蜡烛后，房间变暗，一缕青烟从蜡烛芯升起，飘到彩色的气球上，然后气球伴随着亮光舞动。这些关键角色和场景都与黑暗的背景形成鲜明的对比，牢牢地吸引着观众的视线。

再次，声音先导对观众注意力的引导起着非常重要的作用，例如《亲爱的安吉莉卡》中伴随着故事原型以及配音演员梅·惠特曼（Mae Whitman）的声音，观众不由自主地转头，视线落到身后的电视机上；《迷失》中观众在黑暗的森林中听到震耳欲聋的踏步声，声音越来越大，随之机器人出现；《艾露美》利用听觉展开剧情，在新的人物出现前先播放一些容易辨别的音效来吸引观众注意，如脚步声和咳嗽声，观众追寻声音的源头而看向下一幕，此时场景转换就非常自然。

最后，有的短片采用场景虚化的方式引导观众关注重要剧情，例如由PBS数字工作室出品的真人实拍VR影像《我兄弟的守护者》（*My Brother's Keeper*），该片讲述了兄弟俩在美国一场内战中相遇的故事，为了将观众注意力引导到关键剧情中，创作者采取场景虚化的方式，在超过两分钟的场景中将视角从360度缩减到180度，其余视角是模糊不清的，使得观众视角转向特定画面，让观众跟上剧情节奏。

四、声音定位

电影声音的音效、对白和配乐三个核心要素带给观众感官和情感刺激，扩大了电影体验的范围、深度和强度[①]。常规银幕电影历经从无声到有声，从单声道到双声道立体声，再到环绕立体声，声音制作水平不断提高，但所有的声音都是提前渲染好的，不会根据观众的头部运动而变化。而VR 影像的声场应是一种真正的空间立体定位声，尽量接近于原声场。目前主要基于物理声场或双耳信号的空间声技术来还原声场，例如通过Ambisonics 话筒对以球谐波的方式来表示的声场信息进行采集，采集的数据通过后期头部相关传输函数（Head Related Transfer Function，HRTF）加工后重建声场[②]。在VR 场景中，观众可以自主选择观看的方向和角度，用户要通过头显加耳机的方式感受VR 体验，就需要在双声道立体声输出的耳机中听到来自各个方向的声音。方向和距离是人类定位声音的两个关键因素。头部相关传输函数可以帮助我们定位声音的方向，这种技术能够计算并模拟出声音从某一方向传来以及移动变化时的效果，类似于一个滤波器，对原始声音进行频段上的调整，使其接近人耳接收到的听感效果，并通过耳机来回放[③]。但是HRTF 不能对距离进行建模，人们通过另外一些因素，如声音大小和运动视差等来估计声音的距离。由于VR 场景中声音定位技术仍处于发展阶段，早期的VR 技术更加关注视觉信息，例如分辨率、延迟和追踪等，在声音设计方面并不突出。

除了声音定位，一些作品还非常重视配乐元素，例如由Spotlight Stories 出品、获得奥斯卡金像奖提名的短片《车载歌行》，其主题曲《归家无歧路》（*No Wrong Way Home*）由音乐人Alexis Harte 和J. J. Wiesler 创作，温馨动听的音乐一直伴随着小女孩的成长和整个故事情节的发展。由Oculus 扶持的VR 音

---

① 博格斯，皮特里. 看电影的艺术［M］. 张菁，郭侃俊，译. 北京：北京大学出版社，2010.

② 张莹，沈希辰. 浅谈VR 电影的声音设计思维［J］. 复旦学报（自然科学版），2017（2）：211-214.

③ 王珏. VR（虚拟现实）电影声音制作流程探析［J］. 现代电影技术，2017（1）：22-28.

乐动画短片《太阳大师》，特别聘请了多次荣获格莱美奖的音乐制作人小威廉姆·詹姆斯·亚当斯（William James Adams Jr.）和汉斯·齐默（Hans Zimmer）创作该短片的音乐。在2018年火爆市场的VR音乐游戏《节奏光剑》（*Beat Saber*）推出之际，主创人员请来了捷克知名游戏音乐制作人雅罗斯拉夫为该游戏配乐，动作与音乐的完美契合，以及多元化音乐的自主选择是这款游戏的最大特色，给人们带来非常好的体验。还有一些VR作品有意弱化视觉信息，反而突出和强化声音感知和体验，例如由Oculus扶持的《派遣》是一部用声音来讲故事的VR短片，故事情节的发展主要依托于一个911接线员与求救者的电话对话，场景画面是简单的线条，没有具体的人物或物体，这种超现实的画面结合清晰的旁白和声效一起给予观众想象力的空间。

五、角色互动设计

在传统电影中，即使影片的故事非常打动人，观众对剧中人物角色产生非常强烈的情感体验，但观众永远是旁观者的视角，无法真正成为故事中的角色。而在VR这种新媒介中，观众不再满足于观看者的角色，他们也渴望成为故事的亲历者和参与者，VR技术使得这一愿望得以实现。Baobab工作室创始人认为，“无论是什么故事叙述媒介，它们都有一个共同的目标，讲述一个令观众与角色产生联系，令观众关心，甚至可能会爱上它们的优秀故事。VR故事的巨大挑战和巨大潜力不仅仅只是为了实现这个目标，同时也是为了让观众成为故事的一部分”。Felix & Paul工作室创始人保罗·拉斐尔也认为，用VR来讲故事，不是告诉观众看什么和如何感受，而是创建一个正在发生的体验。这是超越了技术层面的东西，或者说更像是一种心理上的转换。创造高质量的VR体验是一个革命式的十分复杂的过程。因此，体验者角色的设定是很多优秀VR短片充分考虑的一个设计元素。不同于传统银幕电影的线性叙事方式，VR影像更多地采用了互动式叙事方式[①]。

在迪士尼出品的《奇幻森林》VR短片中，蟒蛇和大猩猩是面向体验者

① 万彬彬. 试论虚拟现实（VR）技术对纪录片发展的影响［J］. 现代传播（中国传媒大学学报），2016（10）：110-113.

的，且整个过程中都在与体验者交谈，观众被预设为原片中的小男孩。研究发现，由于体验者角色的代入，与相同故事情节的传统版 2D 电影相比，VR 情景下体验者的恐惧情绪体验和心跳、指温等生理反应会更加强烈①。在另一部短片《入侵！》中，体验者低头看地面时，会惊喜地发现自己拥有一个小兔子的身体，因为这部影片将体验者预设为一只小兔子。在真人实拍VR 影像 *Miyubi* 中，体验者以一个机器人的视角进入影片，故事中所有人物都会跟机器人Miyubi（体验者）进行对话，例如Cece 会与Miyubi 玩“过家家”的游戏，Dennis 带着Miyubi 在课堂上显摆，手忙脚乱的妈妈和颓废老人冲Miyubi 喋喋不休吐槽，以及爸爸留守在空房子里的真情流露等。总的来说，与其他未设定体验者角色的VR 短片相比，体验者角色的设定会带来更好的角色代入感，使得影片的情感体验更强、更真实。

图 2-7 《奇幻森林》影像（2D 版和VR 版）

图 2-8　*Miyubi* 影像中的角色与体验者互动场景

除了角色设计产生的交互性，眼神交互也是早期很多作品中常用的交互方式，而近年来的一些新片中，动作交互、物理触感得到了一些创作者的青睐，以达到让体验者参与的目的。例如Baobab 工作室的一部影片《彩虹乌鸦》中，佩戴头显的观众必须自己走几步才能“启动”故事，而不是被动地

① NI D，WEN Z，FUNG A Y H. Emotional effect of cinematic VR compared with traditional 2D film［J］. Telematics and informatics，2018，35（6）：1572-1579.

观看。在Oculus 扶持的VR 影片《墙壁里的狼》中，体验者的角色是片中小女孩Lucy 想象中的朋友，只有与Lucy 互动才能成为一个真实的角色。而在Baobab 工作室推出的短片《杰克》中，体验者在场景中看到的吊灯是可以真实触摸到的，作品将虚拟世界和物理世界进行了结合，让体验者产生了更加真实的感受。

第四节　VR 影像的节奏特征

节奏是视听艺术创作的关键元素。节奏具有普遍性，不仅仅存在于自然和生活中，还依附于人造物，艺术就是节奏的依附主体之一。不同的艺术门类有着不同的传播媒介，随着媒介的变化，节奏呈现出具有媒介属性的特征。慕西纳克认为电影的节奏可以划分为内部节奏与外部节奏两部分[①]，内部节奏主要是指镜头内部的节奏。《电影艺术词典》将内部节奏解释为“由情节发展的内在矛盾冲突或人物的内心情绪起伏而产生的节奏。在电影中，内部节奏通常以演员的表演为基础，并与场面调度和蒙太奇密切结合，融为一体，才能充分展现出来”[②]。由此可以看出，内部节奏的主要构成元素是镜头内部的人与人或人与物之间的戏剧动作、戏剧冲突、场面调度和剧中人物内心情绪变化，影片的叙事内容决定了节奏形态。外部节奏即镜头组接的节奏，由镜头的运动与蒙太奇组接构成。虚拟现实技术的介入使VR 影像呈现出新的特征，这种新的改变不仅仅对创作者和观众有影响，它牵引出的是一系列电影视听语言规则的变化，这些变化直接导致VR 影像节奏有了新的变化。

一、内外节奏合二为一

VR 影像呈现出一种去蒙太奇化的现象，导致电影的外部节奏由镜头组接

① 慕西纳克. 论电影节奏［M］// 李恒基，杨远婴. 外国电影理论文选（修订本）：上册. 北京：生活·读书·新知三联书店，2006：73-74.

② 于双娜，张旭. 谈电影的节奏［J］. 电影文学，2014（6）：17-18.

转变为场景组接，镜头运动被减弱，外部节奏倾向于向内部节奏转变，呈现出与内部节奏合二为一的趋势。

传统影像中蒙太奇是创造节奏的最直接的方式，节奏往往在蒙太奇的剪辑思路上结合镜头的运动进行设计编排。蒙太奇组接越频繁，节奏越快；组接越稀疏，节奏越慢。另外，镜头运动（景别变化、快慢镜头、镜头的运镜等）会带给观者不同的时长印象，利用镜头运动控制节奏变化的幅度也是节奏调节的常用手段。VR 影像的蒙太奇组接是场景空间与位置的变换，这种转换是将观众从一个场景转移到另一个新的场景，或是从场景中的一个位置转移到另一个位置，必须给观众适应场景的时间，虚拟现实本身的物理空间沉浸性使得这种转移给观众造成不适，为了缓解这种不适，虚拟现实影片的“镜头”必须是“长时间的”，“镜头”之间的转换是谨慎的，不能太过频繁，不能像传统影片那样利用镜头的切换来营造节奏的变换①，利用蒙太奇手段营造外部节奏的方式被瓦解。镜头蒙太奇手段的失效，导致传统电影中的外部节奏失去了效果立足点，但并不代表外部节奏的消失，在很多时候，外部节奏依旧发挥作用。VR 影像的外部节奏由传统的视觉外化转化为场景内部的调度，与内部节奏合二为一，形成VR 影像特有的节奏。

同时，VR 影像全景式的场面调度也改变了内部节奏的表现形式，更加强调场景中演员表演的连续性与空间性，表演节奏与现实生活节奏相似，节奏的影响因素主要受强度的制约。全景式的场面调度加强了演员表演与空间之间的关系，同时也改变了空间在电影创作中的地位②。传统电影的内部节奏在很大程度上依赖于蒙太奇，节奏的流动与幅度往往与现实具有反差性。VR 影像摆脱了镜头边框的束缚，叙事空间被无限放大，将观众包围在场景之中，由单向观看转变为 360 度的自由观影，导演需要从空间角度进行场面调度，对空间中的所有物品道具、灯光布景、演员表演与走位等进行整体布局与安排，区别于镜头调度中对时间的分割，VR 影像的场面调度保留了叙事的逻辑性与时序性，演员表演节奏决定了影片的内部节奏。

---

① 史立成，郭宇. VR 影像语言的局限及发展的可能性探讨［J］. 装饰，2019（2）：24-27.

② 龙迪勇. 空间叙事学［D］. 上海：上海师范大学，2008.

二、关键场景中节奏趋缓

VR影像节奏趋缓的特性主要表现在开场、关键情节点和转场等几个特定场景中。首先，在VR空间中，观众的时间感接近真实生活的时间感，相较于传统电影，VR影像的开场方式属于一种慢节奏的沉浸式开场。VR影像故事开始前需要留出观众的场景沉浸时间，开场的节奏通常要比传统电影更慢[①]。其次，在关键情节点中，VR影像主要通过人物的表演来推动叙事，大多数的VR影像中角色的台词较少，很多时候是依赖于角色的形体表演推动故事的发展，因此VR影像对演员表演的节奏有比较高的要求。在一个场景中，通常采用长镜头的拍摄手法，要求角色的表演持续连贯，尤其是在关键情节点处，需要传达的信息量相对较大，情感氛围较重，观众很容易遗漏重要提示信息，丢失主线剧情。所以，人物角色在进行表演的时候，情绪情感的变化、动作的完整性、动作的幅度、位置移动的幅度等，相对于传统电影来说更具有层次感，时间更长，影片的叙事节奏相对较慢。最后，VR影像中的转场主要以剧情和场景为基础，通过场景的切换推动叙事，转场起到连接叙事情节的作用。场景蒙太奇并不像传统电影一样直接切换，而是需要考虑观众自身的场景适应能力与信息读取的效率，有一定的过渡与缓和时间。研究表明，过快或镜头运动幅度过大的转场会降低观众的沉浸感，影响观众在虚拟空间中的认知与判断能力，带来强烈的不适感，这就使得传统的技巧性的转场手法被大大削减，黑场、闪白、淡入淡出、镜头慢速运动等慢节奏的转场成为最简单有效的转场方式。

---

① 刘育涛，梁力军，刘淼. VR影视中的差异化注意力设置［J］. 中国广播电视学刊，2021（8）：55-57.

第三章　VR 用户心理：交叉学科视角

第一节　心理的基本构成

心理学是研究心理现象的一门科学，以人的心理现象为主要研究对象，主要研究个体心理，也研究团体和社会心理。个体心理是指个人所具有的心理现象，可以分为认知、动机和情绪、能力和人格等三个方面[①]。

认知指人们获得知识或应用知识的过程，或信息加工的过程，这是人的最基本的心理过程，包括感觉、知觉、记忆、思维、想象和语言等。人脑接收外界输入的信息，经过头脑的加工处理，转换成内在的心理活动，再进而支配人的行为，这个过程就是信息加工的过程，即认知过程。

情绪和动机是人的行为控制和调控机制。情绪是心理和生理多水平整合的产物，包含情绪体验、神经生理和表情行为等三个子系统。情绪的产生和发展对有机体的生存和适应起着重要作用，对个体的注意、学习和记忆也有着重要影响。情绪的发生发展有着特定的脑结构和功能基础，主要涉及以杏仁核为核心的广泛连接的神经环路：包括前额叶皮层、扣带回皮层、下丘脑、腹侧黑质等部位[②]。动机是由一种目标或对象所引导、激发和维持的个体活动的内在心理过程或内部动力。动机的基础是人类的各种需要，即个体在生理上和心理上的某种不平衡状态。动机的社会认知模型是现代社会认知模式的代表性理论。该模型认为，动机是一种动态的、多方面的现象，动机不是个体的稳定特征，具有较强的情境性和领域特异性，且个体对自身的动机、思

---

① 彭聃龄. 普通心理学（修订版）[M]. 2 版. 北京：北京师范大学出版社，2001.

② 丁妮，丁锦红，郭德俊. 个体神经质水平对情绪加工的影响：事件相关电位研究[J]. 心理学报，2007，39（4）：629-637.

维和行为的积极调节会影响个人动机和最终的成就。

个体心理特征是人与人之间的心理差异，包括能力和人格两个方面。能力是一种心理特征，是顺利实现某种活动的心理条件。能力表现在所从事的各种活动中，并在活动中得到发展。通过测验可以对能力进行评估，例如世界各国流行的智力测验是一种一般能力测验，包括斯坦福-比奈智力量表、韦克斯勒智力量表，针对不同年龄阶段有不同的测试内容和评估标准。

认知、情绪和动机、能力和人格是个体心理现象的三个重要方面，是心理学的主要研究对象。这三个方面是相互联系、互相依存的[①]。

第二节　用户心理研究方法及应用

一、用户心理研究方法概述

艺术学是一个重视理论性和实践性的学科，研究方法以艺术原理的理论分析和本体分析等质性研究为主。由于学科发展和数字媒介发展的需要，引入其他学科的研究方法对于学科发展，尤其是新媒体研究是非常有必要的，如社会学、传播学中常用的问卷调查方法和大数据分析，电影市场调查和信息传播的分析常会用到这些方法；如心理学研究采用实验心理学方法对用户的行为和心理进行因果分析，采用科学技术，如眼动追踪技术、生理反馈技术及认知神经科学技术，揭示用户与媒介交互过程中的认知、情感加工过程及其脑功能机制。随着媒介技术和属性的发展，人在媒介生产和使用过程中扮演的角色发生着很大变化。在传统媒介中，如书籍、报纸、电台等，媒介信息的传递以单向、线性为主，很难充分考虑媒介使用者的个性化需求和特点，随着互联网以及VR/AR技术的快速发展，用户在媒介中的作用越来越重要，而且人与数字媒介的交互性也越来越强，所以心理学作为研究人的学科，

---

① 彭聃龄. 普通心理学（修订版）[M]. 2版. 北京：北京师范大学出版社，2001.

在数字媒介的研究中应该会发挥越来越重要的作用。人是数字媒介内容生产和使用的关键因素，心理学是研究人的学科，这两者结合有着天然的优势。

质性研究和量化研究都是社会科学研究中的重要研究方法。质性研究实际上并不是指一种方法，而是许多不同研究方法的统称，由于它们都不属于量化研究，被归成同一类探讨，其中包含但不限于民族志研究、论述分析、访谈研究等。质性研究的目的是更深入了解人类行为及其理由，调查人类决策制定的理由和方法。相对于量化研究，质性研究专注于更小但更集中的样本，产生关于特定研究个案的资讯或知识。量化研究中最重要的是测量的过程，因为这个过程根本上联结了现象的"经验观察"与"数学表示"。量化数据包括以统计或百分比等数字形式呈现的各种资料。量化研究方法一般会经历获得数据、数据预分、数据分析和分析报告等四个阶段。在艺术与心理学的跨学科研究中，量化研究受到较多的关注，以下重点对心理学学科中常用的四类研究方法及应用进行介绍，包括问卷调查、眼动追踪技术、生理反馈技术和脑功能技术。

二、问卷调查方法与用户体验

（一）问卷调查方法

用户体验调查可以通过问卷调查得到有效实施，问卷调查是社会调查里的一种数据收集手段。当一个研究者想通过社会调查来研究一种现象时（比如什么因素影响顾客满意度），他可以用问卷调查收集数据，也可以用访谈或其他方式收集数据。问卷调查假定研究者已经确定所要问的问题。这些问题被打印在问卷上，编制成书面的问题表格交由调查对象填写，然后收回整理分析，从而得出结论。问卷设计应遵循以下基本原则①：

A. 问题的措辞是调查的关键要素。

B. 问题只应设计自己想要知道的东西，不要涉及其他无关紧要的东西。

C. 根据研究目的提出具体问题。

---

① 布拉德伯恩，萨德曼，万辛克. 问卷设计手册：市场研究、民意调查、社会调查、健康调查指南［M］. 赵锋，译. 2 版. 重庆：重庆大学出版社，2010.

D. 每次设计问题时，要问自己“我为什么要知道这个”，要从有助于回答研究问题的角度出发，而非“知道这个很有意思”这样的角度。

E. 记录下你的研究问题，以便在设计问卷时随时查看。

F. 除非你已经透彻思考了你的研究问题，否则就要抑制住创作具体问题的冲动。

自编问卷与量表在内容设计和标准化方面存在较大差异。在自编问卷中，不同的题目可以设置不同数量的选项以及不同的答题方式，是一堆问题的集合，里面的问题可以是任何类型的，可以是开放式，可以是选择题，可以是排序题，也可以是填空题。而标准化量表应具备以下几个条件：

A. 量表是经过标准化的测量工具。

B. 量表涉及信度和效度的问题。

C. 量表以理论和构念为依据。

D. 量表的答题方式是统一的。

常用的态度测量工具有李克特量表和哥特曼量表。李克特量表由美国社会心理学家李克特于 1932 年编制而成。该量表由一组陈述组成，每一陈述有“非常同意”“同意”“不一定”“不同意”“非常不同意”等五种回答，分数分别记为 5、4、3、2、1，每个被调查者的态度总分就是他对各道题的回答所得分数的总和。哥特曼量表是由哥特曼提出的，其特点是单维度，通常由单向且同一性质的陈述组成，被调查者在回答时，若同意某一个不容易被接受（或较困难）的陈述，必然也会同意其他较容易被接受的陈述。

（二）VR 用户体验研究中的标准化问卷

1. 眩晕感量表

高保真视觉模拟器中的模拟器晕动症（Simulator Sickness，SS）是现代仿真技术的副产品。迄今为止，对SS的大多数研究都用Pensacola运动性晕动症问卷（Motion Sickness Questionnaire，MSQ）的一些变量检测严重程度[①]。MSQ最初用于评估各种交通工具（如汽车、公共汽车、轮船、飞机等）中的

① GOLDING J F. Motion sickness susceptibility questionnaire revised and its relationship to other forms of sickness［J］. Brain research bulletin，1998，47（5）：507-516.

晕动症[①]。研究者确定了晕动症的四个维度：胃肠、中枢、外周和睡眠[②]。尽管它涉及类似于运动诱发晕动症（Motion-induced Sickness，MS）的症状，但模拟器晕动症往往不太严重，发病率较低，并且源于视觉显示和视觉–前庭相互作用的因素，而非诱发MS的条件。但是MS评分中包含的一些症状与SS无关，而且MSQ的配置方法不太适应计算机管理和评分。

因此，研究者开发了一个模拟器晕动症问卷（Simulator Sickniess Questionnaire, SSQ）[③]，该问卷系统来自MSQ。通过因素分析，SSQ保留了16个项目，这16个项目分属于三大症状。SSQ量表的计算方法是各个小项的评分乘以与它相对应权重的和，各个小项的评分有0、1、2、3，分别对应无症状、轻微、中等、严重。通过SSQ量表，可以单独对恶心、动眼神经不适和方向障碍等三大症状进行评价。SSQ量表的最后总分值是判断晕动症程度的依据，分值越高，则表示晕动症程度越高。因此，有可能获得四个SSQ评分：恶心、动眼神经、方向障碍和总分。SSQ作为测量模拟器系统晕动症的专用方法，已被广泛用于评估和减少模拟器晕动症，并探索其他重要影响，例如年龄、性别、设备特征等，SSQ也用于为头戴式显示器提供最佳虚拟环境。例如在虚拟现实系统中，女性会比男性经历更多的晕动症[④]。

虚拟现实晕动症问卷（Virtual Reality Sickness Questionnaire，VRSQ）[⑤]包

① FRANK L H，CASALI J G，WIERWILLE W W. Effects of visual display and motion system delays on operator performance and uneasiness in a driving simulator [J]. Human factors，1988，30（2）：201-217.

② GIANAROS P J，MUTH E R，MORDKOFF J T，et al. A questionnaire for the assessment of the multiple dimensions of motion sickness [J]. Aviation，space，and environmental medicine，2001，72（2）：115-119.

③ KENNEDY R S，LANE N E，BERBAUM K S，et al. Simulator sickness questionnaire：an enhanced method for quantifying simulator sickness [J]. The international journal of aviation psychology，1993，3（3）：203-220.

④ MUNAFO J，DIEDRICK M，STOFFREGEN T A. The virtual reality head-mounted display Oculus Rift induces motion sickness and is sexist in its effects [J]. Experimental brain research，2017，235（3）：889-901.

⑤ KIM H K，PARK J，CHOI Y，et al. Virtual reality sickness questionnaire（VRSQ）：motion sickness measurement index in a virtual reality environment [J]. Applied ergonomics，2018，69：66-73.

含 9 个项目，由两个维度组成，即动眼神经和定向力。动眼神经维度包括全身不适、乏力、眼睛疲劳、注意力集中困难等 4 个项目，定向力维度包括头痛、头胀、视力模糊、头晕（闭眼）和眩晕等 5 个项目。研究证实，恶心成分对晕动症的影响小于动眼神经不适和方向障碍成分，因此VRSQ 问卷设计中删除了SSQ 中的恶心维度。晕动症可以描述为你的感觉和你看到的不一致，分为三类：（1）我感觉到但没有看到的，（2）我看到但没有感觉到的，（3）我感觉到但不匹配的。相关分析结果表明SSQ 和VRSQ 之间有很高的相关性，方差分析的结果也非常相似。现有的SSQ 包括与VR 环境无关的项目，而且项目数更多，因此在VR 环境中，VRSQ 比SSQ 更受推荐。

2. 在场感量表

在场感可以被理解为在虚拟环境中的主观感觉，存在感是用户体验的变量，与技术带来的客观沉浸指标是不同的。研究人员在过去开发了一些有价值的方法来评估VR 空间中的在场感，推进了标准化评估的进程。但只有少数已开发的量表包括对心理测量质量的广泛测试，如IPQ 问卷（Igroup Presence Questionnaire）、空间在场体验量表（Spatial Presence Experience Scale，SPES）、MEC-SPQ 问卷（Measurement Effects Conditionas-Spatial Presence Questionnaire）和ITC-SOPI 量表（ITC-Sense Of Presence Inventory）等。其中，IPQ 和SPES 是研究中使用较为广泛的量表，且信效度良好。

IPQ 旨在将在场感测量为在交互式虚拟环境中“身临其境”的感觉[①]。IPQ 是衡量在虚拟环境中体验到的在场感的量表。13 个项目的IPQ 是基于两项调查研究（N=246，N=296）的探索性和验证性因素分析得出的。最初的IPQ 版本是用德语开发的，之后研究者陆续开发了英语版、荷兰语版。项目库包括以前发布的项目（翻译成德语）和新项目。IPQ 具有三个分量表和一个不属于分量表的附加一般项目。这三个分量表来自主成分分析，可以视为相当独立的因素。这三个分量表包括：

---

① SCHUBERT T W. The sense of presence in virtual environments：a three-component scale measuring spatial presence，involvement，and realness［J］. Zeitschrift für medienpsychologie，2003，15（2）：69-71.

A. 空间在场感——虚拟现实中的物理在场感。

B. 参与度——衡量对虚拟环境的关注度和所经历的参与度。

C. 体验现实主义——测量虚拟环境中现实主义的主观体验。

附加的一般项目评估“身临其境”的感觉，并且在所有三个因素上都有很高的负载，对空间在场的负载特别高。实验测试结果表明，三个IPQ分量表中只有一个量表实际测量空间在场，而参与度和体验现实主义维度可能涉及密切相关的结构或决定因素，而不是空间在场的实际次维度。尽管强有力的理论概念化并没有完全反映在方法中，但IPQ建立在合理的方法步骤上，且量表的内部一致性是可接受的。

SPES是一个简短的八项自我报告量表。该量表的编制来源于Wirth等人提出的空间在场的过程模型[①]，该模型将空间在场分为二维结构，包括用户的自我定位和在媒体环境中感知的可能行为。其中，在自我定位转化与感知行为可能性维度上分别有4个项目，测量使用者在不同媒介环境中（文本、电影、超文本、虚拟环境）的空间在场感。SPES可以方便地应用于不同的媒介研究中。该量表在两项研究（N1=290，N2=395）中证实了具有良好的心理测量质量，SPES的两维度信度分别为0.81、0.92，效度良好[②③]。

3. 情绪体验问卷

情绪情感是VR体验中非常重要的一个成分，不仅VR的情绪体验具有一定的独特性，而且用户的情感投入对VR在场感也有着很大影响。

在情绪心理学领域，积极消极情感量表（Positive and Negative Affect Schedule，PANAS）是常用的情绪体验测验，PANAS包括20个项目，分为10个积极情绪词（Positive Affect，PA）和10个消极情绪词（Negative Affect，NA）。PA的10个情绪词是专注的、感兴趣的、警觉的、兴奋的、充满热情

---

① WIRTH W，HARTMANN T，BÖCKING S，et al. A process model of the formation of spatial presence experiences［J］. Media psychology，2007，9（3）：493-525.

② HARTMANN T，WIRTH W，SCHRAMM H，et al. The spatial presence experience scale（SPES）：a short self-report measure for diverse media settings［J］. Journal of media psychology：theories，methods，and applications，2016，28（1）：1.

③ 王素娟，张雅明. 空间存在：虚拟环境中何以产生身临其境之感？［J］. 心理科学进展，2018，26（8）：1383 -1390.

的、受鼓舞的、自豪的、坚定的、强大的和有活力的，NA 的 10 个情绪词是沮丧的、心烦的、敌意的、易怒的、害怕的、恐惧的、羞愧的、内疚的、紧张的和心神不宁的。这 20 个形容词被用来描述积极和消极的感觉。PA 反映了一个人感到热情、有活力和警觉的程度。高PA 是一种精力充沛、全神贯注和愉快参与的状态，而低PA 的特征是悲伤和无精打采。相比之下，NA 是主观痛苦和不愉快参与的一般维度，包含各种各样的厌恶情绪状态，比如愤怒、蔑视、厌恶、内疚、恐惧和紧张等，低NA 是一种平静的状态。问卷采用 5 点评定，评分标准是："1" 表示非常轻微或根本没有，"2" 表示有点，"3" 表示中等，"4" 表示相当严重，"5" 表示非常严重。该量表是测量正面和负面情绪状态的有效工具，信效度较高[①]。

情感投入量表（Emotional Involvement）由Wirth 编制，该量表可检测情感参与度与虚拟环境中感觉到的情感强度的对应，情绪投入是指这些感觉的主观强度，通常与感觉的持续时间、高峰水平和频率相关。该量表包含 7 个项目，全量表信效度较高。该量表被研究证实是测量VR 情景中情绪卷入的有效量表[②]，是媒体用户在情感上与媒体体验、内容或角色互动并经历强烈情感的程度。因此，情感投入是媒体接受过程中情感体验的核心。已有研究证实，在媒介环境中的情绪卷入度越高，空间在场感体验越强烈。

三、眼动追踪技术与视觉注意

（一）眼动追踪技术

眼动追踪是一种实验方法，记录眼球运动与注视位置的时间和任务。这是观察视觉注意力分配的常用方法。眼动追踪的起源可以追溯到查尔斯·贝尔，他首先将眼球运动的控制归因于大脑，对眼球运动进行了分类，

① WATSON D，CLARK L A，TELLEGEN A. Development and validation of brief measures of positive and negative affect：the PANAS scales［J］. Journal of personality and social psychology，1988，54（6）：1063.

② WIRTH W，HOFER M，SCHRAMM H. The role of emotional involvement and trait absorption in the formation of spatial presence［J］. Media psychology，2012，15（1）：19-43.

并描述了眼球运动对视觉定向的影响[①]。他定义了眼睛和神经系统之间的生理联系，将它们的运动与神经逻辑和认知过程联系起来，从而打开了一扇通往大脑内部工作的潜在窗口。在接下来的一个世纪里，各种各样的方法被开发出来，使得客观测量眼球运动成为可能。眼动追踪技术的进步使得眼动追踪对参与者和研究人员来说都更加经济实惠和友好。基于视频的眼动追踪设备可以通过测量红外光的角膜反射相对于瞳孔的位置来高精度地确定凝视的方向。这些都可以在桌面和头部安装配置中找到，并允许实时眼动追踪，使实验范围比以前更广。更好的和适应性更强的眼动追踪方法的发展使得越来越多的研究者能够进行眼动追踪研究。因此，在过去的 20 年里，眼动追踪在研究中的应用已经跨越了几个学科，除了心理学领域，该技术还广泛应用于其他多个学科，包括医学和保健、神经科学、数学和计算机科学、工程和技术、语言学、生物和农业、商业和法律以及环境科学等。

眼动技术就是从对眼动轨迹的记录中提取诸如注视点、注视时间和次数、扫视和眼跳距离、瞳孔大小等数据，从而研究个体的内在认知过程。注视是一段时间，在此期间眼睛注视视觉目标，感知稳定，并且眼睛正在接受视觉信息。由于视网膜中央凹很小，眼睛无法在一次注视中从整个视野中获取高质量的信息，所以需要眼睛频繁运动。因此，大多数注视时间相对较短。注视时间的长短取决于各种因素，如视觉刺激的性质、任务的目的和复杂性以及个体的技能和注意力，但通常持续 180—330 毫秒[②]。快速扫视是眼睛从一次注视到下一次注视的弹道运动。在快速扫视期间，视觉输入被抑制，因此当我们的眼睛迅速扫视时，我们实际上是盲目的[③]。快速扫视速度

① BELL C. On the motions of the eye，in illustration of the uses of the muscles and nerves of the orbit［J］. Philosophical transactions of the Royal Society of London，1823（113）：166-186.

② RAYNER K. Eye movements in reading：models and data［J］. Journal of eye movement research，2009，2（5）：1.

③ ROLFS M. Attention in active vision：a perspective on perceptual continuity across saccades［J］. Perception，2015，44（8/9）：900-919.

和持续时间是行进距离的直接函数[①]。快速扫视范围的大小和持续时间根据手头的任务而变化。典型的阅读迅速扫视范围是小的（2 度旋转）且持续大约 30 毫秒，而场景感知中的迅速扫视范围通常更大（大约 5 度旋转）且持续 40—50 毫秒[②]。

眼动研究被认为是视觉信息加工研究中最有效的手段。早在 19 世纪就有人通过考察人的眼球运动来研究人的心理活动，通过分析记录到的眼动数据来探讨眼动与人的心理活动的关系。眼动心理学的研究已经成为当代心理学研究的一种有效范式。我们看哪里、看多长时间受到注意力之外的认知过程的影响，如感知、记忆、语言和决策。虽然眼睛和头脑之间的联系不是绝对的[③④]，一般来说，眼睛反映了我们在任何给定时刻所看到的任何事物的心理过程。这使得眼动追踪广泛适用于大多数探索心理过程的研究。由于其高度的时间敏感性，眼动追踪可以提供对认知发展的即时观察，而不仅仅是揭示最终结果。此外，眼球运动在很大程度上不受意识的控制，也就是说，虽然个人可以选择看什么和什么时候看，但该运动的细节在很大程度上是反射性的；个人通常很难记住他们具体看了哪里[⑤]。这意味着眼动追踪可以利用无意识的处理过程。

---

① BAHILL A T，CLARK M R，STARK L. The main sequence，a tool for studying human eye movements［J］. Mathematical biosciences，1975，24（3/4）：191-204.

② ABRAMS R A，MEYER D E，KORNBLUM S. Speed and accuracy of saccadic eye movements：characteristics of impulse variability in the oculomotor system［J］. Journal of experimental psychology：human perception and performance，1989，15（3）：529.

③ ANDERSON J R，BOTHELL D，DOUGLASS S. Eye movements do not reflect retrieval processes：limits of the eye-mind hypothesis［J］. Psychological science，2004，15（4）：225-231.

④ STEINDORF L，RUMMEL J. Do your eyes give you away? a validation study of eye-movement measures used as indicators for mindless reading［J］. Behavior research methods，2020，52（1）：162-176.

⑤ CLARKE A D F，MAHON A，IRVINE A，et al. People are unable to recognize or report on their own eye movements［J］. Quarterly journal of experimental psychology（QJEP），2017，70（11）：2251-2270.

表 3-1　眼动追踪指标分类[①]

类别	指标	指标含义
注视	单一注视时间	第一次阅读时，兴趣区内有且只有一次注视的时间。
	首次注视时间	首次注视兴趣区内注视点的时间。
	第二次注视时间	第二次注视兴趣区内注视点的时间。
	凝视时间	注视点移动前，兴趣区内注视点的总注视时长。
	总注视时间 总停留时间 总阅读时间	注视兴趣区内注视点的时间总和。
	平均注视时间	兴趣区内注视点注视时间的平均值。
	注视位置	兴趣区内注视点所处的位置。
	注视次数	兴趣区内注视点被注视的总次数。
	注视点个数	兴趣区内注视点的总数。
	平均注视点个数	被研究者在兴趣区内注视点的个数平均值。
眼跳	眼跳距离	从兴趣区内一个注视点到另一个注视点的跳动距离。
	眼跳时间	从一个注视点跳到下一个注视点所需的时间。
回视	回视时间	回视到兴趣区的注视时间之和。
	回视路径阅读时间	从兴趣区的首次注视开始，到注视点落到该兴趣区右侧的区域为止。
	回视次数	回视出次数与回视入次数的总和，前者指注视点从落到某区域开始发生回视的次数，后者指回视落入某个区域的次数。
阅读	第一遍阅读时间/第一次通过总时间	注视点首次调向另一个兴趣区之前的所有注视点注视时间之和。
	第二遍阅读时间/回看注视时间	首次阅读之后，再次回到该兴趣区的注视点的持续时间之和。
	重读时间	回视路径阅读时间减去第一遍阅读时间后的持续时间。
	总阅读时间	兴趣区内所有注视点的阅读时间之和。
瞳孔直径	瞳孔直径	瞳孔直径的数值。

① 许洁，王豪龙. 阅读行为眼动跟踪研究综述［J］. 出版科学，2020，28（2）：52-66.

（二）眼动追踪设备

眼动追踪设备测量在特定的任务中凝视的位置、方式和顺序。眼睛的结构将高视敏度视觉限制在视野的一小部分，即视网膜中央凹。因此，人们有一种强烈的动机来移动眼睛，以便视网膜中央凹指向我们当前正在思考或处理的任何刺激。这就是众所周知的眼–心联结[①②]，使眼动追踪成为研究视觉注意力分配问题的可靠工具。

市面上有各种各样的眼动追踪设备，其中两个最著名的制造商是瑞典的Tobii 和SR Research。在决定使用眼动追踪设备前，考虑设备的用途是很重要的，因为不同的系统有不同的适用性，且追踪设备的数据采样率各不相同。眼动追踪设备的采样率以赫兹为单位。最快的商用眼动追踪设备每秒钟可以记录 2000 次眼睛位置（2000 赫兹），而可佩戴的眼动追踪眼镜每秒钟只能采样 50 次（50 赫兹）。如果需要毫秒级的精度（当寻找具有小效果尺寸的时间效果时，或者当实验涉及视情况而定的显示变化时），较高的采样率是优先选择的；当采样率较低时，必须收集更多的数据来平均时间采样误差[③]。如果用户最感兴趣的是记录参与者看的地方，较低的采样率通常是可以接受的。

眼动追踪设备可以以两种不同的方式进行使用：诊断或交互[④]。第一，诊断用途指的是在整个实验过程中简单地记录眼睛的位置，以确定参与者看向哪里、看了多长时间以及以什么顺序看。这可以通过面孔、场景、文本、视频、网页或任何其他视觉刺激来实现。大多数时候，研究人员会在这种模式下使用眼动追踪设备。第二，眼动追踪也可以交互使用。虽然研究人员不会

---

① JUST M A. CARPENTER P A. A theory of reading：from eye fixations to comprehension［J］. Psychological review，1980，87（4）：329.

② RAYNER K. Eye movements in reading：models and data［J］. Journal of eye movement research，2009，2（5）：1.

③ ANDERSSON R，NYSTRÖM M，HOLMQVIST K. Sampling frequency and eye-tracking measures：how speed affects durations，latencies，and more［J］. Journal of eye movement research，2010，3（3）：1-12.

④ DUCHOWSKI A T. Eye tracking methodology：theory and practice［M］. 3rd ed. London：Springer-verlag，2017.

经常在纯交互模式下使用眼动追踪设备，但他们可以利用眼动追踪设备的高时间空间灵敏度来设计研究，这些研究使用用户的凝视位置来触发实验范式的预编程响应。以这种方式触发的显示变化通常被称为注视相关的显示变化。

在许多眼动追踪研究中，研究人员想知道参与者观看刺激特定部分的时间或频率，如句子中的特定单词、场景中的物体或面孔上的眼睛。当这是目标时，研究人员应该创建一个包含刺激部分的兴趣区域。大多数眼动追踪软件允许用户预先定义兴趣区域。在收集数据之后，软件进一步处理眼动追踪数据，以提供每个参与者如何与这些兴趣区域互动的描述，包括诸如第一次注视时间和持续时间、注视次数、访问次数、花费的总时间等变量。定义兴趣区域的方式会对实验结果产生影响。

眼动追踪作为一种独立的研究方法被广泛使用。结合其他技术，眼动追踪可以成为一种更强大的研究工具。大多数技术与眼动追踪无缝融合。在过去的几年里，研究人员一直致力于将眼动追踪与脑电图和功能性核磁共振成像结合起来。眼动追踪与脑电图和功能性核磁共振成像的结合是复杂的，但具有很高的潜在价值。眼动追踪是一种强大的工具，可以应用于不同学科领域的研究。技术进步使得眼动追踪对许多研究人员来说更加实惠和容易实现。随着可访问性的增加，不正确使用的风险也增加了。

（三）VR 眼动追踪

虚拟现实技术与眼动追踪技术的结合是一种新兴技术，通过VR 眼动追踪设备可以实时追踪和记录用户在虚拟现实情景中的眼动轨迹。虚拟现实是消费市场上的新兴技术，提供了一个高度沉浸和与现实紧密结合的实验室环境。使用虚拟现实的实验在高度受控的环境中进行，并允许收集关于受试者行为的更深入的信息。眼动追踪技术在一个多世纪前就被引入，现在是心理学实验中的一项成熟技术，VR 技术与眼动追踪技术的结合允许在半真实条件下对人类行为进行前所未有的监测和控制。VR 与眼动追踪的结合造就当前新一代的VR 产品，不但能优化设备，而且通过眼动交互可增强用户体验。

近年来，苹果、谷歌、微软、Magic leap、Facebook、三星、Pico 等多家大公司都已布局眼动追踪技术。2014 年，三星投资FOVE，主打眼动追踪的VR 头显。2016 年，谷歌收购眼动追踪公司Eyefluence，该公司成立于 2013 年，曾研发了一套针对虚拟现实和增强现实应用的眼动追踪技术。同年，Facebook 旗下Oculus 收购丹麦眼动追踪公司The Eye Tribe，该公司有一项技术叫作“漏斗渲染”，计算机会对用户眼睛注视的部分（焦点）进行高分辨率渲染，其他部分做低分辨率渲染，这样眼睛注视的点就会特别清晰。这可以大幅度节省计算机运算资源，优化设备的性能。2017 年，苹果收购德国眼动追踪公司SMI，SMI 成立于 1991 年，总部在德国柏林，是全球第一家提供 3D 眼动追踪系统商业化的制造商，曾为VR 头显HTC Vive 开发了一款眼动追踪套件。SMI 眼动追踪在 2017 年与英伟达破解了“黄斑视觉”，可根据人眼的视觉特点，对眼球中央区域以全分辨率显示，同时模糊周围的画面区域来减少渲染负担，即使同样的硬件配置也可以达到更加优秀的VR 画面。苹果收购SMI 后联合推出了SMI Social Eye 眼动追踪技术，通过富有表现力和精准的眼神接触让虚拟角色的交互更加可信。SMI Social Eye 可精确追踪VR 头显用户的眼球注视方向，并实时映射至虚拟角色的眼睛。虚拟角色可以凝视、眨眼、使眼色以及通过瞳孔反应来认同他人，表达用户的感受或表明其立场。一些VR/AR 硬件大厂已经开发了具备眼动追踪功能的VR 头显，如HTC 公司的HTC Vive Pro Eye、Pico 公司的Neo 2 Eye 和Neo 3 Pro Eye，以及微软的 Hololens 2 都融合了眼动追踪技术。

与经典的眼动追踪相比，VR 中的眼动追踪是一个相对较新的和有前途的

图 3-1　VR/AR 眼动追踪设备

发展，它在 21 世纪初首次出现在文献中[①]。它为进行有关人类感知和行为的研究开辟了许多新的可能性，也为研究者提供了以前没有的工具。这些工具包括虚拟现实系统的全身运动跟踪以及眼球跟踪器的凝视跟踪。眼动追踪和虚拟现实的结合使得计算对象在 3D 空间中的凝视并观察对象在会话期间的注视位置成为可能。与真实世界的眼动追踪相反，在VR 眼动追踪中，很容易定义 3D 空间中的感兴趣区域，并及时跟踪，以确定这些区域何时被观看。眼动追踪和虚拟现实技术相结合，具有更自然的刺激、更自然的运动、受控的环境和受控的数据收集等优点，使得以一种彻底创新的方式解决许多研究问题成为可能。

为了找出对象在 3D 空间中的视线，需要计算从对象的眼睛到其视线方向的 3D 凝视向量。当使用 3D 眼睛模型进行瞳孔检测时，眼动追踪器已经能够确定 3D 凝视。通过计算双眼凝视的交叉点，理论上可以从双眼的发散度来计算深度。然而，这种计算是不精确的，只能接受最佳校准结果[②]。在虚拟现实中，我们的优势在于拥有一个 3D 眼睛模型，并且完全了解眼睛和物体之间的距离，由此可以简单地计算 3D 空间中凝视点的深度。假设与眼动追踪器的不精确性相比，被凝视对象的空间范围较大，这提供了良好的结果。为了将眼动追踪数据与VR 环境相结合，我们需要将 2D 凝视位置转换为虚拟世界中的 3D 向量。对于这种方法，我们从双眼的 2D 成像眼睛位置开始。然后，可以基于头部位置和真实世界中的旋转，将该 2D 位置转换成对虚拟世界的 3D 凝视。从这个 3D 凝视中，可以通过计算与虚拟世界中的物体的下一次相交来检索深度信息。在游戏引擎内部，计算 3D 凝视向量相对容易。可以对每只眼睛单独进行，也可以使用独眼位置。在这种情况下，我们通过计算双眼的平均值来使用后者。

---

① DUCHOWSKI A T. Eye tracking methodology：theory and practice［M］.3rd ed. London：Springer-verlag，2017.

② CHENG Y，SIMPSON J M，JANSEN C H P，et al. Spatial compounding of large sets of 3D echocardiography images［C］//Medical imaging 2009：ultrasonic imaging and signal processing. SPIE，2009：358-365.

四、生理反馈技术及情绪

（一）生理反馈原理

大量的生理反应被用作心理生理测量，大致分为四类。第一类是自主（或非自主）神经系统（Autonomic Nervous System，ANS）的反应，ANS是神经系统的一个分支，控制着心脏、血管、汗腺和消化器官等内部器官的活动。它分为交感神经分支和副交感神经分支，交感神经分支动员身体资源，使机体准备好对环境做出反应并处理紧张性刺激和威胁（例如，通过增加心率、呼吸率和手掌出汗）；副交感神经分支通过降低心率和增加消化活动来储存和保持能量。ANS控制生理功能的许多方面，可作为情绪或激活的指标。因此，心理生理学家会用心率或手掌出汗来衡量一个人在特定社交场合下的焦虑程度，比如向观众发表演讲。第二类心理生理测量反映了骨骼神经系统的活动，运动活动中总体肌肉张力的一般测量，例如前臂肌肉的张力可以反映广泛的唤醒和激活状态，以及面部肌肉活动的测量可以体现情绪状态。第三类心理生理测量包括中枢神经系统活动的电生理指标，主要是脑电图和诱发电位测量。例如可以使用脑电图中α（8—12赫兹）节律的数量作为放松的指标，或者使用刺激引起的特定ERP成分的大小作为衡量标准检测对刺激的注意力。第四类心理生理测量源自大脑扫描技术，例如正电子成像术（PET）、磁共振成像。例如，人们可以使用PET衍生的额叶代谢活动测量来检查精神分裂症患者和正常受试者之间执行功能的差异。这些测量手段已被用于调查长期持续的紧张状态、短暂的阶段反应，以及人与人之间的个体差异。

（二）生理反馈设备

多导生理记录仪是一种多功能的仪器，可以记录多种生理信号，如皮电、心电、体温、肌张力、呼吸波、呼吸频率等，广泛应用于神经电生理研究、心理生理学研究、心血管系统研究、呼吸系统研究等方面。自主反应性测量在情绪研究中经常被采用。情绪生理机制研究发现，不同性质的情绪经验可能会伴随特异性的外周生理活动。采用心率、指温和血压等生理指标的研究显示，人类的一些基本情绪（快乐、悲伤、愤怒、恐惧和厌恶等）伴随着特定的外周生理改变[①]。

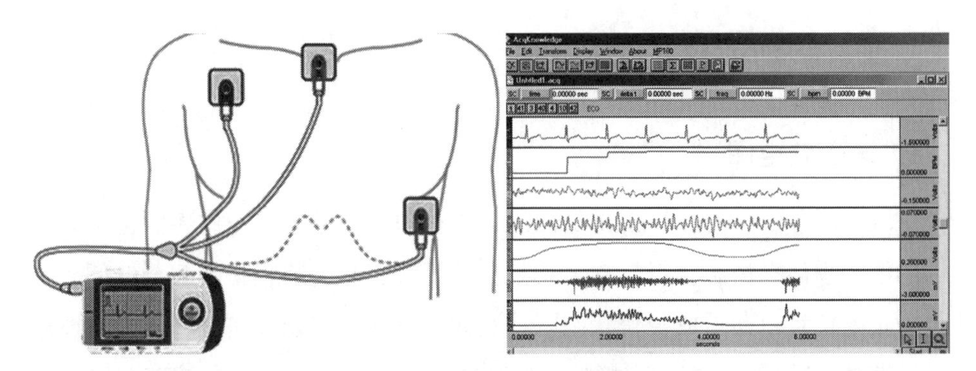

图 3-2 生理反馈记录示意图

皮肤电导被广泛用于指示交感神经唤醒，对于高度唤醒的刺激，通常观察到较大的皮肤电导反应（SCRs）。皮肤电测量是测量情绪的客观指标之一。采用非极化电极将人体皮肤上两点连接到电表上，电流流过会产生电位差，这种电位差称为皮肤电位或皮电。

反映交感神经和副交感神经激活的心率对唤醒和效价的变化都很敏感。研究发现，观看引起愉快或不愉快的图片比观看中性图片导致更大的副交感神经介导的心率降低[②]。不愉快的图片通常比愉快的图片引起更明显的心率减速，反映了防御激活的增强[③]。

指温的变化可反映自主神经系统的功能变化，手指皮肤温度与毛细血管壁的收缩和扩张导致手指血流量发生变化。在放松时，交感神经兴奋性下降，手指毛细血管舒张，指端血流量增加，指温升高；而紧张时，交感神经兴奋

① 刘飞，蔡厚德. 情绪生理机制研究的外周与中枢神经系统整合模型［J］. 心理科学进展，2010（4）：616-622.

② BRADLEY M M，CODISPOTI M，CUTHBERT B N，et al. Emotion and motivation I：defensive and appetitive reactions in picture processing［J］. Emotion，2001，1（3）：276.

③ LANG P J. The emotion probe：studies of motivation and attention［J］. American psychologist，1995，50（5）：372.

性升高，指端血流量减少，指温下降。

呼吸频率是描述单位时间内呼吸的次数，正常呼吸频率为 12—18 次/ 分，且有稳定的节律。已有研究表明，呼吸频率和节律会随着情绪波动而改变。

五、脑功能技术及应用

（一）脑电图

脑电图（Electroencephalography，简称EEG）通过在头皮表面记录大脑内的电生理活动情况获得。神经元处于静息状态时，细胞膜内为负电位，膜外为正电位，由此形成极化状态。神经元之间通过突触传递信息，兴奋性神经元使突触后胞体或树突去极化，抑制性神经元使突触后胞体或树突超极化，都能形成突触后电位。大脑皮质锥体细胞顶树突的突触后电位的总和就形成了可在头皮表面记录的自发脑电。脑电活动包括短暂的动作电位，产生有限的电场，以及更慢、更广泛的突触后电位。从神经发生器记录的信号的大小取决于对着电极的立体角大小。据估计，最小的可检测发生器的长度约为 6 厘米。同步神经元活动由多种机制产生。相互连接的神经元的孤立集合体自发地采用有节奏的同步放电模式。

一种外加刺激（如让被试看一幅图片、听一个声音）会引起脑区的电位变化，即诱发电位（Event Related Fields，ERF），也叫事件相关电位。脑电的电场变化同时伴随着磁场的变化，研究者通过脑磁仪可以在头皮表面附近记录到磁信号。与ERP 类似，研究者也可以记录刺激引起的磁场变化，即

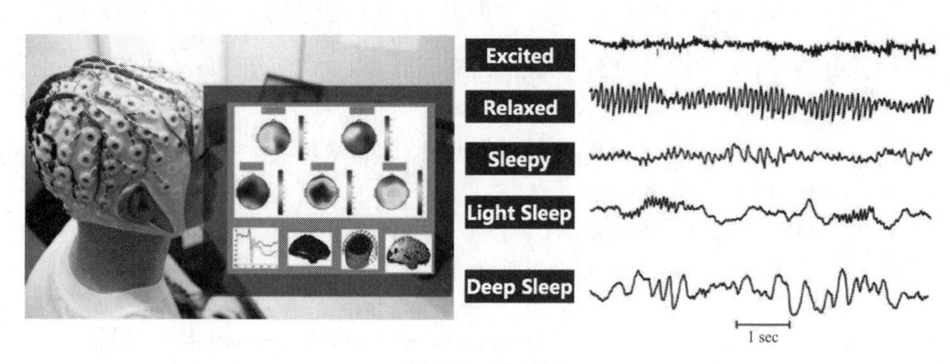

图 3-3 脑电图

事件相关脑磁（Event Related Fields，ERF）。脑电图和脑磁图已经广泛应用于认知神经科学研究的各个领域。近年来，研究者日益注重其在儿童心理发展研究中的应用。例如，ERP 近年来被广泛应用于婴儿视觉定向与注意的研究。

脑电图可能是检测警觉性变化的最灵敏的手段。它在睡眠期间发生深刻的变化，在睡眠概念的发展中起着重要的作用，并且是公认的睡眠分级系统的重要组成部分。Dement 和Kleitman 描述该方法已经被使用了近 40 年，通常由有经验的观察者使用标准化的评级方式[①]。自动或更常见的计算机辅助睡眠分级系统现在已经可以使用，使得定量睡眠研究不那么费力，并且更容易作为临床和研究工具。除了浅睡眠、深睡眠和快速动眼期（REM）睡眠的经典阶段，其他模式也已被认知，特别是只有 40 秒周期的深睡眠和浅睡眠的循环交替模式反过来又与其他调节机制相关，并且有希望在例如心脏和自主神经功能障碍的研究中发挥价值[②]。

（二）磁共振成像

磁共振成像（Magnetic Resonance Imaging，MRI）是自 1895 年Conrad Rontgen 引入X 射线以来最重要的成像进展。自从 20 世纪 80 年代被引入临床以来，它已经在诊断医学和最近的基础研究中承担了无与伦比的角色。在医学上，MRI 主要用于产生器官的结构图像，包括中枢神经系统，但是它也可以提供关于组织的物理化学状态、血管化和灌注的信息。尽管所有这些能力长期以来一直受到广泛重视，但对基础认知神经科学研究产生真正影响的是 20 世纪 90 年代初出现的功能性核磁共振成像（functional Magnetic Resonance Imaging，fMRI）——一种测量神经活动增强后血液动力学变化的技术。功能性核磁共振成像通常不仅用于研究感觉处理或动作控制，还用于得出关于认知能力的神经机制的挑战性结论，从识别和记忆到思考道德难题。

---

① DEMENT W，KLEITMAN N. The relation of eye movements during sleep to dream activity：an objective method for the study of dreaming［J］. Journal of experimental psychology，1957，53（5）：339.

② BINNIE C D，PRIOR P F. Electroencephalography［J］. Journal of neurology，neurosurgery & psychiatry，1994，57（11）：1308-1319.

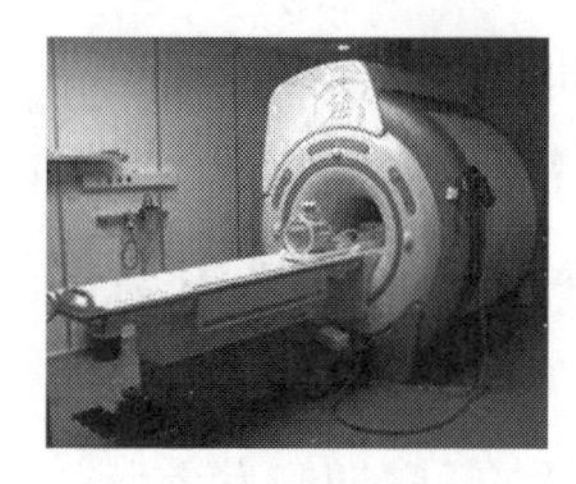 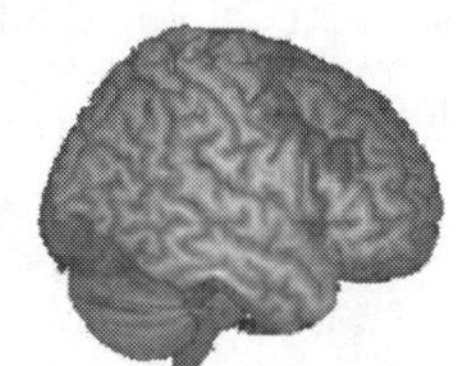 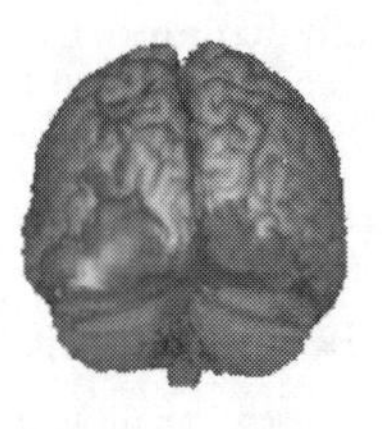 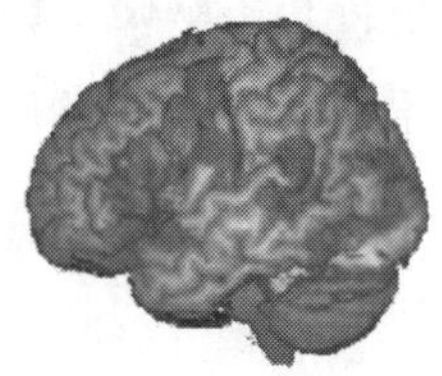

图 3-4　fMRI 设备与脑功能活动示意图

MRI 是利用人体中的氢原子在强磁场内受到脉冲激发后产生的核磁共振现象，经过空间编码技术，把在核磁共振过程中所散发的电磁波以及与这些电磁波有关的质子密度、流动效应等参数接收转换，通过计算机的处理，最后形成图像。大脑进行认知活动的时候需要耗氧，导致大脑氧合血红蛋白含量的变化。脱氧血红蛋白具有顺磁性，而氧合血红蛋白具有逆磁性，因而磁共振信号强度会发生变化由此可以进行fMRI，获得激活脑区的功能图像。fMRI 和神经元反应之间的关系取决于三个因素[①]。

第一，fMRI 和神经元反应之间的关系取决于fMRI 采集技术。大多数fMRI 实验测量血氧水平依赖（BOLD）反应。BOLD fMRI 提供了一个取决于血流量、血容量和血氧合作用的混合信号。一些信号来自较大引流静脉内的变化，一些来自较小的静脉和毛细血管，一些来自血管外。该技术的变体可用于强调或削弱这些组件中的一个或另一个。血管内信号在较高的磁场强度下被抑制，因为较大容器内磁场的固有不均匀性，通过抑制与较高流速 15、18 相关的信号，可以修改采集以削弱来自较大血管的粗体信号。其他功能性核磁共振成像技术已经被开发出来，分别测量血液动力学反应的不同组成部分：基于灌注的功能性核磁共振成像技术测量血流量，可以将化合物注射到血流中以测量血容量；基于扩散的功能性核磁共振成像技术有望测量兴奋时发生的神经和神经胶质细胞肿胀的变化。到目前为止，只有少量的工作致力于量化这些不同的功能性核磁共振成像技术之间的关系。

第二，fMRI 和神经元反应之间的关系取决于行为和刺激方案，以及fMRI 数据分析方法。在fMRI 技术发展的早期，有人担心信号完全来自大的引流

① HEEGER D J，RESS D. What does fMRI tell us about neuronal activity?［J］. Nature reviews neuroscience，2002，3（2）：142-151.

静脉，因此它会提供关于神经元活动的空间定位的误导信息。例如，在视野中的两个邻近位置呈现视觉刺激会在视网膜相关视觉区域（如V1）的两个邻近位置引起神经元活动。如果fMRI 信号仅在从V1 排出血液的大血管中明显，则不可能区分这两个邻近的神经元活动病灶。相反，由两种视觉刺激引起的活动似乎被转移到引流静脉的位置。在很大程度上，这个问题是通过采用适当的实验方案解决的。例如，视网膜定位图通常在视觉皮层使用穿过视野的刺激来测量，从而引起神经元活动的行波穿过视网膜。实验方案和数据分析会影响fMRI 测量的保真度，因此，每次开发新方案时，测量fMRI 信号和潜在神经元活动之间的关系是很重要的。

第三，fMRI 和神经元反应之间的关系取决于如何测量和量化神经元活动本身。考虑在一段时间（几秒钟）内记录一个皮层区域（几毫米）内大量单个神经元的同时活动，神经元活动的哪一部分最能预测fMRI 信号？神经元活动的各种可能的测量包括：所有神经元的平均放电率、神经元亚群的平均放电频率、神经细胞群中的同步尖峰活动、当地场势（LFP）、当前源密度、局部平均突触活动的一些量度或者阈下电活动的某种量度。

fMRI 的主要优势在于其无创性、不断增加的可用性、相对较高的时空分辨率，以及展示受试者执行特定任务时所参与的整个大脑区域网络的能力。缺点之一是，像所有基于血液动力学的模式一样，它测量的是一个空间特异性和时间相应受物理和生物约束的刺激信号。尽管如此，fMRI 仍是目前我们获得对大脑功能的洞察并形成有趣且最终可检验的假设的最佳工具，尽管这些假设的合理性关键取决于所使用的磁共振技术、实验协议、统计分析和有洞察力的建模。关于大脑功能组织的理论可能是优化上述所有问题的最佳策略。

（三）功能性近红外光谱成像

功能性近红外光谱成像（functional Near-Infrared Spectroscopy，fNIRS ）是一种新兴的非侵入式脑功能成像技术，近年来在认知神经科学研究以及临床医学领域中均得到了广泛应用。fNIRS 是指利用近红外光检测大脑皮质功能活动的一项技术。由于人类大脑活动需要通过血液的新陈代谢为大脑神经元提供氧，所以当神经元活动增强时，神经活动区域中血流携带氧的增加量将超过局部神经元的耗氧量，导致激活区的脑血氧量大大增加，继而使处于活动状态的皮质区域出现氧合血红蛋白浓度上升、脱氧血红蛋白浓度下降。光源发射的近红外光（波长 600—900 纳米）穿过头皮和颅骨到达大脑皮质组织，而组织中主要吸收近红外光的色团为氧合血红蛋白和脱氧血红蛋白，且二者对特定波段的近红外光具有不同的吸收率。根据此特性，我们可以利用光源检测器测定大脑皮质中出射光的强度，利用比尔- 朗伯定律（Beer-Lambert law）完成原始光学数据到血氧浓度的转换，也即实现特定区域的氧合血红蛋白和脱氧血红蛋白浓度变化的多点同时测量，进而推知该脑区的血氧与血容量变化①。

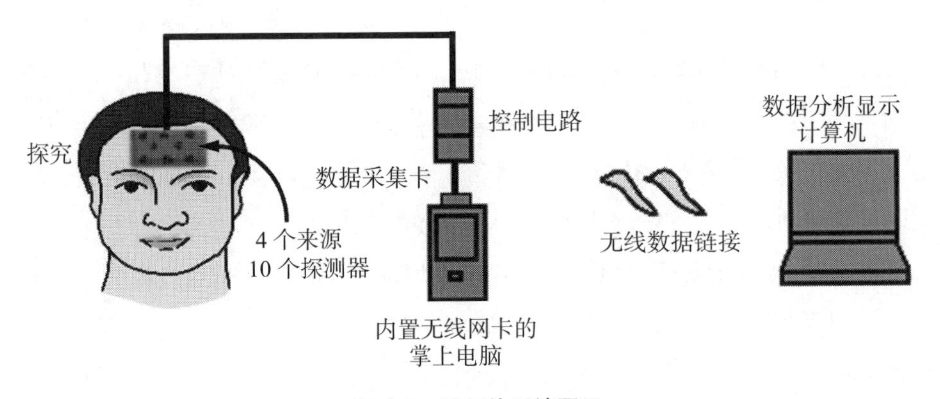

图 3-5　近红外系统图示

fNIRS 对大脑激活诱导的血红蛋白浓度变化的测量几乎全部使用连续波装置进行，最简单的设备通常利用廉价的激光二极管甚至发光二极管。这些设备测量不同波长的强度变化，从而可以估计大脑血红蛋白浓度的变化。由于超过 650 纳米的血红蛋白的低吸收，近红外光能够穿过组织、头皮和颅骨传播几厘米，并以光谱方式检测脑中氧合血红蛋白、脱氧血红蛋白和总血红蛋白的浓度。当近红外光照射在头皮上并且检测器放置在几厘米远时，到达检测器的漫射光量的变化对应于光源和检测器之间以及下方的组织的光学特

① BOAS D A，ELWELL C E，FERRARI M，et al. Twenty years of functional near-infrared spectroscopy：introduction for the special issue［J］. Neuroimage，2014，85（1）：1-5.

性的变化。检测到的光的一部分已经对大脑进行了采样，因此提供了对大脑血红蛋白浓度变化的测量。

fNIRS 研究主要集中在以下三个方面。（1）发展认知神经科学研究。研究者最早将fNIRS 应用于新生儿的语言研究。比如，让熟睡的新生儿听正常的声音刺激、倒放的声音刺激或者不给声音刺激，结果发现新生儿的左侧颞叶对于正常的声音刺激有更大的激活。这一结果说明人类从出生后就已经具备了加工语言的能力。此外，fNIRS 还可以用于认知老化的脑功能研究。比如，一些研究者让青年人和老年人对真词和假词进行词汇判断，结果发现所有被试在假词条件下的血氧变化都显著增加。与青年人相比，老年人在双侧额叶和顶叶的激活更大。（2）临床研究。fNIRS 对于多动症（ADHD）、阿尔茨海默病、帕金森症等是非常有效的研究手段。例如，研究者采用fNIRS 技术研究ADHD 成人患者工作记忆任务中大脑活动情况，结果发现，与正常的对照组相比，ADHD 患者在腹外侧前额皮质上氧合血红蛋白浓度增加的幅度减小。这一发现在高工作记忆负荷条件下更为明显，同时也与ADHD 患者忽略错误的数量增加的趋势一致。后续研究进一步证实了ADHD 患者的工作记忆缺陷和前额皮质功能损失之间存在某种关系。（3）静息态fNIRS 研究。例如，一些研究者以出生几天的新生儿、3 个月的婴儿以及 6 个月的婴儿为被试，通过计算不同通道间时间序列信号的相关性来考察他们大脑皮质网络的功能连接情况。结果发现，随着不同年龄段婴儿的大脑发育，其半球内不同皮质区域和半球间对应皮质区域的功能连接呈现出不同的连接模式。

由于其安全性、低成本、便携性和高时间分辨率，fNIRS 具有作为研究和临床工具广泛实施的潜力[①]。此外，它特别适用于其他成像方式受限的人群和测量程序。它很容易应用于婴儿、儿童和焦虑不安的病人，涉及移动性和交互性的程序，以及在诸如手术室或重症监护室等场所执行的程序。大量研究证实该技术已成为研究正常脑生理及其在疾病中的变化的有效工具。与fMRI 相比，fNIRS 具有许多优点，如仪器设备操作简单、生态效度好、能实

① BUNCE S C，IZZETOGLU M，IZZETOGLU K. et al. Functional near-infrared spectroscopy［J］. IEEE engineering in medicine and biology magazine，2006，25（4），54-62.

现高时间分辨率（10—100 赫兹）下的数据采集等，多方面弥补了fMRI 的不足，为脑功能研究提供了一种安全有效的成像方式。

第三节　VR 技术与心理学的交叉

虚拟现实出现于 20 世纪 60 年代，在很大程度上被视为心理学的一种研究工具。虚拟环境具有灵活性的优势，环境可以瞬间改变，因此当现实的限制被消除时，实验研究可以以新的方式进行，为行为实验者提供了全新的实验工具①。

一、VR 技术与心理学的交叉特性

现代数字新媒体已经逐步实现了人机交互的新模式，媒介使用者不再是被动的接收者，而是有着丰富情感、复杂认知系统的主动个体，可以与媒介内容和形式进行交互并产生一定的影响。数字媒体时代在数字技术进步和发展的同时，也在不断地适应和满足用户的需求，因此从用户心理的角度对数字影像艺术进行研究，有助于创作出更符合用户审美需求、情感需求和认知需求的艺术作品。近年来，随着新媒体的迅速发展，心理学研究者面临一个挑战性的问题——媒介使用者是如何理解并体验媒介所呈现的虚拟世界的？虽然许多虚拟现实应用已经出现在人类活动中，但直到最近VR 技术才被认为是认知过程和功能研究、评估和康复的有用媒介。VR 技术提供了创造交互式三维刺激环境的机会，在这种环境中可以记录所有的行为反应，这为实验心理学家提供了使用传统技术无法获得的选择②。

在心理学中使用虚拟环境的好处来自这样一个事实，即大脑对虚拟空间

① GAGGIOLI A. Using virtual reality in experimental psychology［M］//GALIMBERTI C，RIVA G. Towards cyberpsychology：mind，cognitions and society in the internet age. Amsterdam：IOS Press，2001：157-174.

② FOREMAN N. Virtual reality in psychology［J］. Themes in science and technology education，2009，2（1）：225-252.

中的运动以及伴随的知觉变化的处理方式与对等效真实空间中的运动的处理方式非常相似。在空间学习和认知等心理学领域使用虚拟实验研究的益处包括界面灵活性、虚拟体验的再现性以及在线监测表现的机会。总的来说，VR 技术与心理学研究结合有以下几个方面的优势①。

第一，生态有效性。虚拟现实系统的一个明显优势是能够记录和测量模拟功能场景中的自然行为。这种优势提供了收集可靠数据的可能性，否则这些数据可能会被采用真实世界环境中训练有素的行为观察者的行为评级方法丢失。虚拟现实允许研究人员以生态有效或真实世界的方式进行动态测试和训练，同时仍然保持对实验情况的所有方面的严格控制。

第二，灵活性。虚拟环境高度灵活且可编程。它们使研究人员能够呈现各种各样的受控刺激，并测量和监测受试者做出的各种各样的反应。此外，合成环境本身和该环境被用户的响应修改的方式都可以适应每个实验设置的需要。

第三，感官反馈。我们对物质现实的感觉是一种建构，它来自直接呈现给我们感官的符号、几何和动态信息。因此，虚拟现实应用程序的输出通道应该与我们的感官相对应：视觉、触觉和力觉、听觉、嗅觉和味觉。目前，视觉、跟踪和用户输入界面的商业产品有很好的选择，听觉和触觉接口技术正准备用于实际应用，而嗅觉接口技术是所有反馈技术中最不成熟的。尽管这些输入设备中的一些还不成熟，但目前可用的输入设备可以代表行为研究的强大工具，特别是对于需要模拟复杂感觉效果的研究。

二、VR 心理学研究：行为层面

在行为研究中，虚拟环境允许心理学家跳出框框思考——使用一系列在现实中不可能进行实验的新范式——并以新的方式考虑老问题，例如使用虚拟环境中检查个人对物体简单旋转的推理能力，可研究感知的各个方面，如错觉和儿童的感知假设。但是，如果因为某些因素无法进行真正的测试而使

---

① GAGGIOLI A. Using virtual reality in experimental psychology［M］//GALIMBERTI C，RIVA G. Towards cyberpsychology：mind，cognitions and society in the internet age. Amsterdam：IOS Press，2001：157-174.

用虚拟环境，就没有办法对照现实来检查虚拟环境中收集的数据的真实性[①]。

（一）VR 在临床心理学领域的应用

虚拟现实的心理学研究始于临床应用，从 1990 年起，一些公司就开始着手开发VR 系统，对焦虑症患者、恐惧症患者等一些特殊人群进行心理治疗[②]。从 1995 年开始，一些研究对虚拟现实技术在亚临床恐惧症和焦虑症患者中的治疗效果进行了追踪调查。研究主要涉及八个方面的心理治疗：恐高症、幽闭恐怖症、恐飞症、驾驶恐惧、演讲恐惧、陌生环境惊恐障碍、应急后创伤焦虑障碍。结果表明，VR 技术在心理治疗领域的应用似乎有着积极的效果。Sonntag 等研究者从认知监控的角度对虚拟现实情景下的眼动轨迹进行分析，所创建的VR 场景针对可能存在认知损伤风险的老年群体，并对其进行认知评估[③]。来自哈佛大学精神病学系的教授Daniel Freeman 带领他的研究团队，在 *British Journal of Psychiatry* 上发表了一篇文章，研究者试图通过让患者体验他们恐惧的环境，但不引起应激行为，探讨患者是否能对某种环境安全地进行重新学习。研究结果发现让受试者面对他们害怕的场景时，虚拟现实有助于治疗严重的妄想症，虚拟现实刺激使得受试者了解到他们所害怕的那些情景（如拥挤的电梯）实际上是安全的。该研究将心理治疗技术与虚拟现实社会情景相结合，从而有效地减弱了妄想类恐惧[④]。

（二）VR 在空间认知领域的应用

除了临床心理学研究领域的应用，VR 技术在心理学领域的应用还表现在

---

① FOREMAN N. Virtual reality in psychology［J］. Themes in science and technology education，2009，2（1）：225-252.

② GORINI A，RIVA G. Virtual reality in anxiety disorders：the past and the future［J］. Expert review of neurotherapeutics，2008，8（2）：215-233.

③ SONNTAG D，ORLOSKY J，WEBER M，et al. Cognitive monitoring via eye tracking in virtual reality pedestrian environments［C］//Proceedings of the 4th international symposium on pervasive displays. Saarbrücken：ACM，2015：269-270.

④ ATHERTON S，ANTLEY A，EVANS N，et al. Self-confidence and paranoia：an experimental study using an immersive virtual reality social situation［J］. Behavioural and cognitive psychotherapy，2016，44（1）：56-64.

空间认知研究，空间认知是从 3D 计算机技术的发展和使用中获益最多的领域之一。虚拟环境允许高水平的实验控制和精确的数据收集，同时保持生态有效性。研究发现，在大规模虚拟空间中导航有时会受到迷失方向的影响，特别是当使用头戴式VR 在非常大的环境中导航时。而且，参与者对熟悉的大尺度空间形成精确空间表征的能力与他们在虚拟测试情境中的表现能力高度相关[①]。

Farrell 等人发现，就路线学习而言，在地图使用中加入虚拟训练并不会提高表现[②]。另外，虽然鸟瞰环境有助于了解整体空间布局，但鸟瞰高度视图可能提供不同种类的信息，这些信息只能从第一人称的原始来源获得。在空间研究的其他领域，虚拟现实在动物和人类研究中的应用之间搭建了桥梁，利用虚拟现实的灵活性和真实性，开发用于动物被试的标准范例的人类版本，以比较人类与其他物种的表现。Foo 等研究者使用捷径范式将蜜蜂和蚂蚁定向系统与人类进行了比较，发现人类与低等物种共享一些策略，特别是严重偏向于使用地标信息[③]。Newman 等人比较了虚拟环境中地标和布局的使用，当虚拟出租车司机必须在随机点搭载客户并采用最经济的路线，将客户运送到虚拟购物中心的情况下，利用虚拟企业的灵活性，他们有选择地改变地标和建筑，并显示出当布局和地标发生冲突时，用户会优先使用地标[④]。

研究者比较了虚拟现实环境与现实环境中的拐角效应，结果发现是一致

---

① HEGARTY M，WALLER D A. Individual differences in spatial abilities［M］. Cambridge：Cambridge University Press，2005：121-169.

② FARRELL M J，ARNOLD P，PETTIFER S，et al. Transfer of route learning from virtual to real environments［J］. Journal of experimental psychology：applied，2003，9（4）：219.

③ FOO P，WARREN W H，DUCHON A，et al. Do humans integrate routes into a cognitive map? map-versus landmark-based navigation of novel shortcuts［J］. Journal of experimental psychology：learning，memory，and cognition，2005，31（2）：195.

④ NEWMAN E L，CAPLAN J B，KIRSCHEN M P，et al. Learning your way around town：how virtual taxicab drivers learn to use both layout and landmark information［J］. Cognition，2007，104（2）：231-253.

的。还有研究发现，虚拟环境与真实环境下的被试训练效果没有显著差异。可见虚拟现实系统建构的环境与真实环境差异较小。而且研究进一步发现，在虚拟环境中获得的空间知识可以移植到真实环境中。此外，知觉－运动和社会心理研究也是主要应用领域，例如有研究采用沉浸式虚拟现实技术考察在接近真实的条件下儿童骑车穿越十字路口行为和行走穿越马路的行为。此外，虚拟现实技术还可用于研究虚拟现实情景下的人际距离和记忆等多方面。

三、VR 心理学研究：脑功能机制

近年来，由于计算机速度、头戴式显示器和广域跟踪系统质量的提高，VR 技术在行为神经科学中得到了广泛应用，吸引了神经科学、认知科学和心理学等多个领域的研究和应用[①]。VR 技术为研究人员提供了一种可进行复制和控制的实验介质[②]。VR 技术的开发和应用使得心理学家和神经科学家可以在有限的实验空间中，创设出控制更为严格，但内容更加丰富、真实感更强的实验材料和实验情境。研究者总结了VR 应用于认知神经科学的四个特点[③]：

（1）VR 为神经科学家提供了一种工具，用于创建逼真的情境刺激，同时可以对实验进行严格控制。

（2）神经科学家能够有效地管理并整合虚拟现实场景，将其融入叙事内容中，从而增加参与者所体验到的在场感/ 社会在场感。

（3）神经科学家使用VR 可以精确地跟踪参与者的行为并同步各种数据来源，以获得对目标社交互动的整体综合评估。

（4）VR 的独特优势在于这种方法为神经科学家提供了一个研究自然和社会现象的平台，而这些是无法通过常规研究范式观察到的。

---

① TARR M J，WARREN W H. Virtual reality in behavioral neuroscience and beyond［J］. Nature neuroscience，2002，5（11）：1089-1092.

② REGGENTE N，ESSOE J K-Y，AGHAJAN Z M，et al. Enhancing the ecological validity of fMRI memory research using virtual reality［J］. Frontiers in neuroscience，2018，12：408.

③ PARSONS T D，RIVA G，PARSONS S，et al. Virtual reality in pediatric psychology［J］. Pediatrics，2017，140（Suppl 2）：S86-S91.

新技术的应用产生了新的研究视角和问题，例如虚拟环境中的空间注意、空间记忆等问题，以及虚拟人际互动问题研究、虚拟化场景对心理疾病的干预治疗等问题。在 2006 年的一项研究中，研究者首次使用神经科学方法直接测量空间在场感的神经生理基础①。该研究对未成年人观看VR 场景时的脑电活动进行了对比分析，结果发现，两组都经历了虚拟的“过山车”之旅，强烈的空间在场感与增加的皮肤电导反应以及顶脑区域的激活有关。而且，儿童（与青少年相比）呈现了更强的空间在场感体验，并显示出不同的额叶激活模式。青少年在已知参与执行功能控制的前额叶区域表现出增强的激活作用，而儿童在这些大脑区域的活动减少。研究者认为儿童的空间在场感的增加可能是由于执行功能未充分发育所致。神经解剖学和神经生理学研究表明额叶的发育将一直持续到青春期，直到成年早期。

在此之后，研究者开展了一系列VR 相关的脑功能研究。其中，功能性核磁共振成像和功能性近红外光谱技术作为研究人类神经基础的强大工具在VR 研究中的应用较多，研究领域主要集中在VR 场景中导航、空间记忆等认知相关的皮层激活问题。例如，研究者让参与者在探索虚拟环境时模仿大鼠的觅食任务，研究发现内嗅皮质/ 下托、顶叶后侧和内侧、颞叶外侧和前额内侧等脑区活动与导航过程中六角形对称的网格状细胞属性相关，且与空间记忆成绩相关的右侧内嗅皮质激活最强。结果提示支持空间认知的功能性脑区具有特定类型的神经表征②。在另一项导航实验中，健康成年人通过虚拟迷宫观看沿途路线的物体，随后在阈下启动识别任务中同步记录fMRI 数据，结果发现海马旁回旋区区分相关和不相关的标志，而下顶回、前扣带回以及右尾状核参与了路径方向的编码。这些数据表明分离的存储系统存储不同的空间信息，存在用于导航相关对象信息的存储器和用于路线方向的存储器③。此外，静息

① BAUMGARTNER T，VALKO L，ESSLEN M，et al. Neural correlate of spatial presence in an arousing and noninteractive virtual reality：an EEG and psychophysiology study［J］. Cyberpsychology & behavior，2006，9（1）：30-45.

② DOELLER C F，BARRY C，BURGESS N. Evidence for grid cells in a human memory network［J］. Nature，2010，463（7281）：657-661.

③ JANZEN G，WESTSTEIJN C G. Neural representation of object location and route direction：an event-related fMRI study［J］. Brain research，2007，1165：116-125.

态功能成像作为一种有效观测方法也应用于VR 研究中，用于预测被试回忆对象位置时的记忆表现，结果发现基底神经节、海马、杏仁核、丘脑、岛状以及额叶和颞叶区域，与静息态fMRI 信号变异性之间存在显著相关性[①]。

尽管在fMRI 这样严格限制头动的实验环境下，研究者仍能在样本中检测到与VR 场景下有显著激活的大脑功能活动，但fMRI 技术并非与VR 研究结合的完美技术，全视角、交互性、多通道感知等都是VR 这一新媒介的关键特性，在严格控制身体和头部运动的实验环境下很难满足这些基本的VR 操作需求，从而大大减弱了VR 体验。

而无线ERP 技术和fNIRS 技术在这个领域的优势更加明显，这两项技术简便快捷，非常适合探测人在工作状态下的脑功能神经活动，且能采集多人数据，适应性较广。随着无线近红外技术的开发和应用，近年来VR 神经科学研究越来越多地采用fNIRS 技术与VR 研究相结合，研究领域主要涉及工作记忆、人际关系、医疗、心理治疗、教育神经科学等问题。例如，在认知领域，研究者基于n-back 任务，通过fNIRS 技术分析了VR 情景下的工作记忆大脑活动情况[②]。在一项人际关系的fNIRS 研究中，被试通过操纵控制器移动虚拟激光笔，从而在虚拟的近体空间或超个人空间中将线一分为二。结果没有发现人际与人际空间分离的神经相关性，但在右侧顶叶和枕叶区相对于基线存在显著的血液动力学活动[③]。在医疗方面，有研究结合fNIRS 技术和VR 技术用于探讨功能性神经康复问题。研究者在由深度感应相机驱动的半浸入式VR 环境中评估增量和控制挥杆平衡任务（分别为ISBT 和CSBT）期间，使用八通道连续波fNIRS 系统来测量与PFC 激活相关的氧合变化。结果发现，相对于

① WONG C W，OLAFSSON V，PLANK M，et al. Resting-state fMRI activity predicts unsupervised learning and memory in an immersive virtual reality environment［J］. Plos one，2014，9（10）：e109622.

② PUTZE F，HERFF C，TREMMEL C，et al. Decoding mental workload in virtual environments：a fNIRS study using an immersive n-back task［C］//2019 41st Annual International Conference of the IEEE Engineering in Medicine and Biology Society（EMBC）. IEEE，2019：3103-3106.

③ SERAGLIA B，GAMBERINI L，PRIFTIS K，et al. An exploratory fNIRS study with immersive virtual reality：a new method for technical implementation［J］. Frontiers in human neuroscience，2011，5.

ISBT，响应CSBT，在PFC 中发现了较低的O_2Hb 增加和HHb 降低幅度[①]。同时期，还有研究者也探讨了相似的问题，分析了在由深度感应相机驱动的虚拟现实环境中被试对 5 分钟增量倾斜板平衡任务（ITBBT）的前额叶皮层氧合反应，结果发现当被试在VR 环境中进行ITBBT 训练时，增加了PFC 的氧合，且这种增加受到任务难度的调节[②]。在教育神经科学领域，VR 教育的效果和内在神经机制也开始受到研究者的关注。在较新的一项研究中，研究者采用以生命科学教学为主题的四种教育模式：视频讲座、VR、严肃教育游戏和手动实践，通过fNIRS 方法，对比分析四种教育模式下的血液动力学反应水平差异。结果表明手动实践、严肃教育游戏与VR 在学习结果和认知处理方面水平相当[③]。

以上研究表明，虚拟现实可以作为一种强有力的工具，用于分析用户与其环境之间的相互作用，并可以测量行为过程中的神经元活动。迄今为止，VR 神经科学研究涉及了认知神经科学、教育神经科学、医学、心理治疗等多个学科，具有研究问题多样性的特点。但总体来说，该领域研究仍然非常有限，所关注的问题也比较集中，在心理科学领域，研究问题集中在VR 场景中的导航、工作记忆等认知问题。此外，在研究技术方面，尽管EEG 和fMRI 技术手段在时间分辨率、空间定位方面存在优势，但通过分析发现，近年来的VR 神经科学研究以fNIRS 方法为主，该技术在研究生态性方面与VR 自身特性更为接近，已逐渐成为VR 神经科学研究的重要技术。

---

① CASULA E P，TARANTINO V，BASSO D，et al. Low-frequency rTMS inhibitory effects in the primary motor cortex：insights from TMS-evoked potentials［J］. Neuroimage，2014，98：225-232.

② FERRARI M，BISCONTI S，SPEZIALETTI M，et al. Prefrontal cortex activated bilaterally by a tilt board balance task：a functional near-infrared spectroscopy study in a semi-immersive virtual reality environment［J］. Brain topography，2014，27（3）：353-365.

③ LAMB R，ANTONENKO P，ETOPIO E，et al. Comparison of virtual reality and hands on activities in science education via functional near infrared spectroscopy［J］. Computers & education，2018，124：14-26.

表 3-2　VR 神经科学研究列表

时间	作者	期刊	方法	任务/ 目的	结果
2006	Baumgartner	*Cyberpsychology & Behavior*	EEG	空间在场感	顶叶、前额叶
2007	Janzen	*Brain Research*	fMRI	导航、空间记忆	海马、海马旁回
2010	Doeller	*Nature*	fMRI	空间记忆	顶叶、颞叶、内侧前额叶
2011	Seraglia	*Frontiers in Human Neuroscience*	fNIRS	线平分任务	右侧顶叶和枕叶
2012	Mueller	*Journal of Neuroscience Methods*	fMRI	空间记忆	海马旁回，楔形体和枕骨
2014	WONG	*PLOS ONE*	静息态 fMRI	空间搜索、学习和记忆	基底神经节、海马、杏仁核、丘脑、岛状、额叶和颞叶
2014	Basso	*Neuroimage*	fNIRS	身体平衡	前额叶
2014	Ferrari	*Brain Topography*	fNIRS	增量倾斜板平衡任务	前额叶
2018	Lamb	*Computers & Education*	fNIRS	科学教育	前额叶
2018	Landowska	*Frontiers in Human Neuroscience*	fNIRS	恐高症治疗	前额叶
2019	Putze	*IEEE conference*	fNIRS	工作记忆	前额叶

第四章　VR 影像的用户体验研究

用户体验（User Experience，UX）被定义为“人们对产品、系统或服务的使用或预期使用所产生的感知和反应”。良好的用户体验是实现用户目标和满足不同人类需求的结果。因此，阿桑察尔（Hassenzahl）提出了一个用户体验模型，该模型认为用户体验是用户与产品或服务互动过程中，用户内在状态、个人基本特征、特定情境相互作用的产物，并指出用户体验模型的实用属性和享乐属性，其中，实用属性是指“产品支持实现‘行动目标’的感知能力”，享乐属性是指“产品支持实现‘目标’的感知能力”[①]。这些实用主义和享乐主义的属性决定了一个产品将在多大程度上被发现有吸引力，决定了它的情感后果和它的行为后果[②]。

第一节　VR 用户体验分析

现有国内外VR 用户体验分析主要采用主观测评方法，测验内容多关注 VR 媒介相关的用户体验，从多感官体验、情感、认知等多个角度设计测验问卷。如Dustin B. Chertoff 等人开发了虚拟体验测验问卷（Virtual Experience Test，VET），用于测量基于体验设计的五个维度的整体虚拟环境体验：感官、

① HASSENZAHL M. User experience（UX）：towards an experiential perspective on product quality［C］// Proceedings of the 20th Conference on l’Interaction Homme-Machine. New York：ACM，2008：11-15.

② SAGNIER C，LOUP-ESCANDE E，LOURDEAUX D，et al. User acceptance of virtual reality：an extended technology acceptance model［J］. International journal of human-computer interaction，2020，36（11）：993-1007.

认知、情感、主动性和关系[①]（表 4-1）。

表 4-1　虚拟体验测验问卷维度设计

体验设计维度	描述
感官	包括感觉输入（视觉、听觉、触觉等）以及对这些刺激的感知。通过创造感觉的感官硬件和软件来表示。
认知	心理参与体验，例如预测结果和解开谜团。可以解释为任务参与。
情感	指用户的情绪状态。与一个人在模拟环境中的情绪在何种程度上准确地模仿他在类似的现实世界情况下的情绪状态有关。
主动性	与一个人对体验的个人联系程度有关。与一个人对虚拟环境的化身、环境和场景的同理心、认同和个人关系的程度相关联。
关系	由体验的社会方面组成。作为共同体验运作，通过协作体验创造和加强意义。

Katy Tcha-Tokey 认为一些关于虚拟环境中用户体验的研究仅通过存在问卷来衡量用户体验，存在是虚拟环境中用户体验的重要组成部分，但仍不全面，于是提出 10 个用户体验组件（存在、沉浸、参与、心流、可用性、技能、情感、体验结果、判断和技术采用）的整体模型，其中可用性被定义为易于学习（可学习性和记忆）和易于使用（效率、有效性和满意度）虚拟环境。张艳祥在进行空中 360 度视频的相机高度对用户体验的影响研究时，探讨了相机的高度是否会影响用户的沉浸感、在场感和真实感。用户在观看视频后完成用户体验问卷（UEQ），并在观看所有五个视频后完成用户访谈。UEQ 从三个维度设计：沉浸感、存在感和真实感，采用 7 点李克特式评定方式[②]。王敏在进行VR 互动广告的用户体验研究时，基于用户体验的感官体验、互动体验、情感体验等维度，构建评价模型并进行实证研究。结果表明，用户在体验VR 互动广告时，最看重的是“互动体验”过程的设计，

① CHERTOFF D B，GOLDIEZ B，LAVIOLA J J. Virtual experience test：a virtual environment evaluation questionnaire［C］//2010 IEEE virtual reality Conference（VR）. IEEE，2010：103-110.

② ZHANG Y X，WANG Y N，AZADEH B，et al. The effect of camera height on the user experience of Mid-air 360° Videos［C］//2021 IEEE conference on virtual reality and 3D user interfaces abstracts and workshops（VRW）. IEEE，2021：510-511.

包括互动内容、互动系统、互动功能、互动界面等[①]。由于沉浸式虚拟环境（IVE）的用户体验中的大部分内容都可以通过问卷来测量，Katy Tcha-Tokey 认为衡量在IVE 中的用户体验的最好方法是收集合适的主客观方法的结果并进行比较。对比客观的可视性能数据与主观的性能评估工具，将问卷调查与心率结合起来可以更全面、更有说服力地评估用户体验。

当前VR 硬件发展迅速，更凸显出创作内容的滞后和缺失，对于仍处于探索期的VR 创作而言，对现有VR 影像创作特点的分析和评价是非常有必要的。那么研究者依据什么标准分析和评价VR 影像的创作特点？有哪些特定的分析维度？传统电影的评价标准是否适用于VR 影像？是否需要建立一套新的评定标准？VR 动画电影创作中的哪些因素对受众的体验具有重要作用和影响？迄今为止，国内外学者对VR 影像的评价方式仍缺乏深入一致的认识，目前VR 影像的评价主要以影评为主，评价角度较为主观，评价方法较为单一。已有VR 用户体验测验虽然维度非常丰富，但很少关注VR 内容，更缺乏对VR 影像内容的用户体验调查。

第二节　VR 影像用户体验的三维分析

针对VR 影像作品评估标准的缺失问题，我们从媒介因素（Media）、情感体验（Affect）和认知评价（Cognition）三个维度对VR 影像的用户体验进行综合评估，开发了VR 影像用户体验三维分析系统（MAC 系统）。结合用户体验与创作内容，对VR 作品创作特色进行分析。在前期研究工作的基础上，参考诺曼提出的“情感体验层次理论”[②]，对用户在直觉、行为和反思等层面进行测评内容的设计。以客观数据作为支撑，分析VR 动画电影的创作特色，并以此为基础寻求建立一套多维度、评价标准统一的VR 影片测评工具。

① WANG M，LIU Q J，ZHOU C J. Research on interactive advertisement user experience based on VR technology［C］//2021 16th International Conference on Computer Science & Education（ICCSE）. IEEE，2021：560-565.

② NORMAN D. Emotion & design：attractive things work better［J］. Interactions，2002，9（4）：36-42.

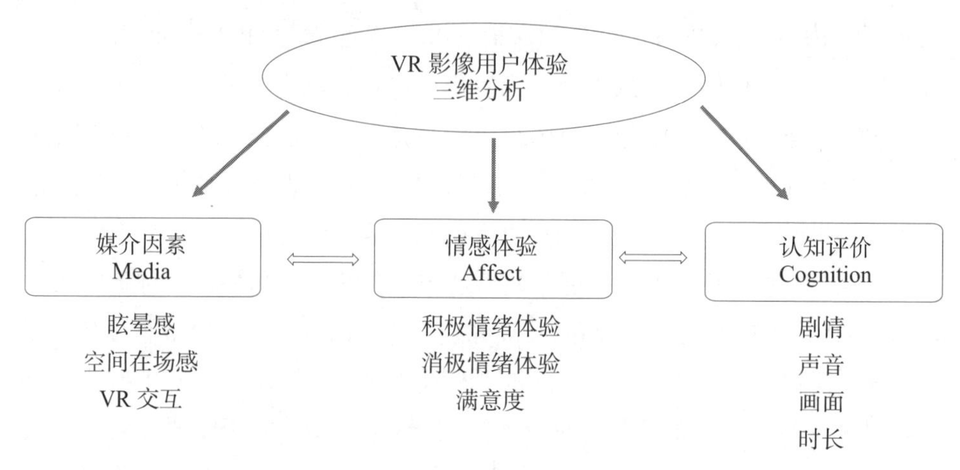

图 4-1　VR 影像用户体验三维分析系统

一、媒介因素

媒介因素包括眩晕感、空间在场感和VR 交互。首先，眩晕感是VR 体验中普遍存在的现象，对用户体验有很大的影响。眩晕感通常采用模拟器晕动症问卷进行评定。该量表包括 16 个项目，分为恶心症状、动眼神经不适、方向障碍等三个维度，维度分和总分需根据权重计算。

其次，空间在场感是一种重要的VR 体验，是与用户体验高度相关的代表性指标。本研究采用的空间在场体验量表是使用较为广泛、信效度较好的一个自评量表，测量使用者在不同媒介环境中（文本、电影、超文本、虚拟环境等）中的空间在场感。该量表包含用户的自我定位和在媒介环境中感知的可能行为两个维度，共 8 个项目，该量表由本课题组进行中文翻译，并严格校对。

此外，独特的交互方式是VR 不同于其他媒介的本质特征，虽然与VR 游戏相比，VR 影像中的交互方式略显简单，但其独特体现方式依然在很大程度上影响观众的体验。

二、情感体验

该维度包括情绪体验和满意度。情绪心理学家Izard 提出，情绪的产生是身心协同作用的结果，身指的是神经机制，包含了外周神经系统和中枢神经系统；心指的是主观体验，在情绪研究领域，我们无法忽视个人的内心感受和体验。VR 技术能够带给观众身临其境的强烈情感体验，因此情绪体验在VR 研究中较为重要。本研究的情绪测验材料选自Watson 编制的积极消极情感量表，包括 10 个积极情绪词和 10 个消极情绪词，以描述当前的情绪状态，要求被试对每一项进行 5 点评定。此外，用户总体满意度是观众对VR 作品的总体评价。

三、认知评价

认知评价是针对VR 影像这一特定艺术形态设计的测验，体验者分别从剧情、声音、画面和时长等四个方面对影像内容进行评定。剧情是电影不可或缺的核心构成，观众可以通过不同的媒介对影片进行体验，但最核心的是对影片想要表达的剧情的理解，不同的剧情会给观众带来不同的情感体验。声音包括影片配乐的整体效果和关键剧情特定音效的逼真度两个方面，在VR 全景视频中，声音主要起到空间定位的作用，声音的精准定位是实现沉浸式体验的重要因素，有强大的信息传递和视觉引导功能。画面能给观众带来最直观的体验，画面质量的好坏直接影响观影体验。此外，因为VR 媒介的特殊性，360 度的观影空间给观众带来更多信息，与传统银幕电影相比，VR 影像很难使观众抓住重点信息，所以画面变化节奏在一定程度上会影响观众的信息获取，从而影响整体观影感受。时长也是影响观影体验的重要维度，影片过长会给观众带来烦躁、无趣的感受，甚至在生理上带来眩晕、恶心的症状；影片过短会影响观众的沉浸式体验，刚进入虚拟环境便马上跳脱出来，使观众有意犹未尽之感。

第三节　国外 VR 影像的用户体验研究

一、研究设计

研究基于VR 类型选取了VR 动画领域代表性的，且在创作方式上非常具有特色的VR 作品：（1）影片《入侵！》，由Baobab 工作室制作，影片全长 6

分钟，讲述了外星人入侵地球，一只可爱的小兔子打败外星人、拯救地球的故事；（2）影片《迷失》，由Oculus Story 工作室制作，影片全长 4 分钟，整部作品是由CG 动画绘制的；（3）影片《亨利》，由Oculus Story 工作室制作，影片全长约 8 分钟，该影片于 2016 年 9 月荣获艾美奖最佳原创互动节目奖。这三部VR 动画电影在类型、制作技术方面都比较接近，具有较大的可比性。此外，由于本研究是实验室研究，观影者需要观赏多部影片，在实验时长上几部影片也需要匹配。

二、研究方法

本研究在VR 实验室中进行操作，实行一对一的观影测验，每位观影者来到实验室之后，首先会填写基本信息情况：年龄、性别以及是否有过VR 经验等。参加实验的被试共 48 人，女生 32 人，男生 16 人，平均年龄为 22.85 岁，最小年龄是 20 岁，最大年龄 36 岁。其中有VR 经验者 24 人，无VR 经验者 19 人，不确定是否有过VR 经验者 5 人。接下来，每位被试会依次观看三部VR 影片，每看完一部影片即刻完成测评问卷，填写当前情绪体验的主观报告，并对影片内容进行评价，影片顺序是随机播放的，因此观影者的观看顺序不是固定的，以避免不同影片之间的干扰。

三、研究结果与分析

对结果进行总体分析发现，在八个维度的分析中，影片《亨利》在其中五个维度中评价得分是最高的，包括剧情、音乐、在场感、总体情绪体验强度和总体满意度；影片《入侵！》在交互方式和眩晕感两个维度中得分较高；影片《迷失》在声音定位维度上得分较高。接下来，我们将根据每一个维度的结果对影片的创作特点进行分析。

在剧情维度上：剧情是一部电影的核心叙事结构。影片《亨利》的剧情评价得分远高于《入侵！》和《迷失》，表明该影片在剧情设计上是较为出色的。《亨利》的剧情时而悲伤、时而欢快、时而惊喜，首先以孤单的亨利独自过生日开场，整部影片氛围表现出孤独忧伤的情绪，之后彩色气球伴随着欢快的音乐跳起舞来，将亨利和观众带入一种愉悦又紧张的情绪中，亨利太过兴奋刺破了气球而引得气球乱窜，导致家里一片狼藉，最后气球帮亨利找到了适合他的朋友小乌龟，影片以两个朋友的拥抱作为温馨的结尾。该影片剧情跌宕起伏，情节丰富但简洁明了，观众既容易理解且情感体验丰富。此外，该影片采用“反衬”的方式来吸引观众的视线，保证观众的兴趣点集中在故事的“主线流程”上。例如在大量的静景中加入小范围的动作元素，在黑暗的环境下设置发光的物体，让我们在短片开场时便通过远处的声音“发现”主角的位置，等等。而另外两部影片《入侵！》和《迷失》在情节丰富性上略为逊色，例如《入侵！》讲的是一只小兔子与外星人的故事，小兔子以机智吓走外星人，情节虽然生动有趣，但是关键情节发展较快；而《迷失》讲的是一个机器人寻找手臂的故事，除了黑暗幽静的森林场景营造出紧张恐惧的气氛，情节设计上相对简单。通过对影片剧情的分析，本研究结果与剧情的创作特点是相符的，表明测评内容是有效的。

在音乐维度上：影片《亨利》的音乐评价得分较高，表明该影片有着丰富的音乐元素。该影片至少在三个重要场景中出现了配乐，第一次是影片的开始，以欢快的鼓点音乐配合独白，给影片奠定了轻松愉快的基调；第二次是跳舞的气球配乐，愉快且有趣；第三次是遇到新朋友小乌龟，温馨而快乐。除了重点剧情的配乐，影片中很多声音的配乐也非常逼真，例如气球运动的声音、吹吹卷的声音。可见VR 影像中的音乐密切围绕剧情和人物情感的发展设定，并起到了衬托、推动剧情发展的积极作用。其他两部影片中的音乐设计略为逊色，而且以往VR 影片中，创作者比较重视交互方式的设计，对音乐声音的创作设计并未足够重视。本研究结果发现在多个维度中占有优势的影片《亨利》在音乐这个维度上评价较好，说明音乐元素也是VR 影像创作中一个重要的因素，且内容分析结果与测评结果是一致的。

在在场感维度上：影片《亨利》的在场感评价得分也是最高的，该影片通过优秀的场面调度、声音以及视觉互动帮助观众进入故事情节中，这些创作方式的设计与在场感关系密切。在场感是VR 场景的一个核心特征，能让体验者产生身临其境的感觉，已有研究发现，与客观技术指标所代表的沉浸感不同，在场感与观众情绪关系极为密切，在情绪性情景中在场感会更强，而

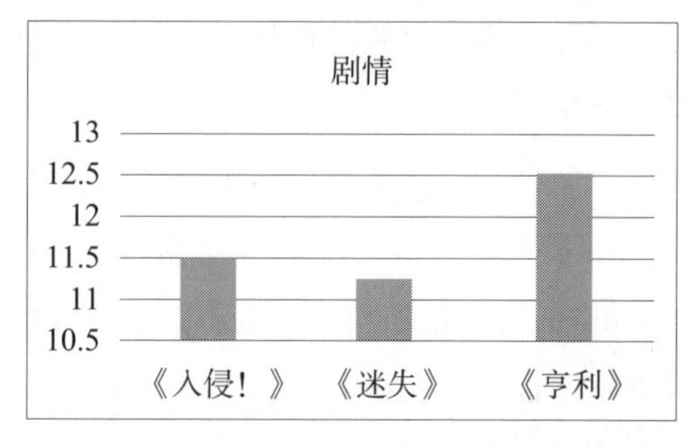

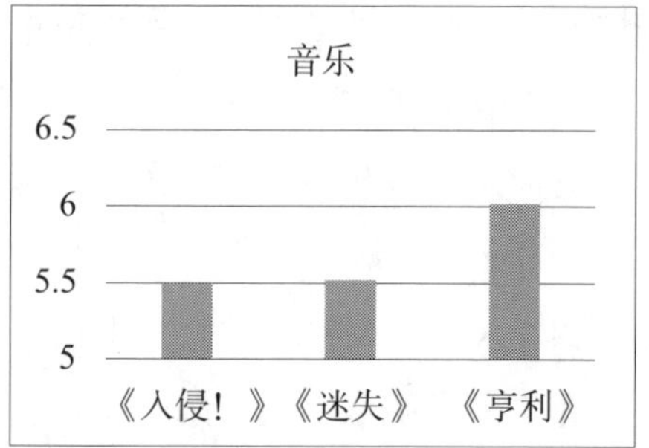

图 4-2　剧情和音乐结果

且情绪状态也受到在场感水平的影响，因此在场感是与用户体验直接相关的一个指标，我们的结果也支持这一观点。

在交互方式维度上：影片《入侵！》得分较高，说明该影片所运用到的交互方式比较丰富，例如观众在影片中扮演了一只兔子，观众在低头的时候能看到自己有着兔子的身体，这是该影片最具特色的一个交互设计，即作为影片角色参与到影片中。另一个交互设计是与影片中的另一只小兔子的眼神交流，小兔子在初遇外星人时流露出害怕和紧张的神情，之后通过机智策略赶走外星人的狡黠眼神，都通过与观众的眼神交流得到体现。第三个交互设计是观众视线的引导，在影片中导演设计了如何利用故事情节引导观众的视线，例如出现太空船的时候，小兔子的视线投向天空，引导观众追随小兔子的视线，从而发现飞船。而《迷失》和《亨利》两部影片的交互设计不如《入侵！》丰富多样，主要用到了眼神交流和视觉引导的方式。

在声音定位维度上：影片《迷失》评价得分较高，虽然另外两部影片也

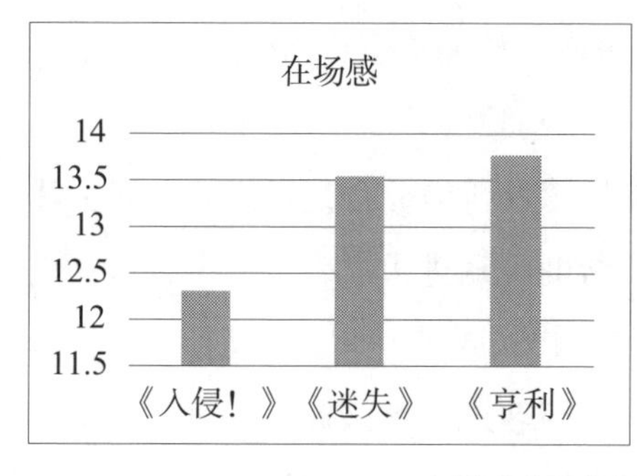

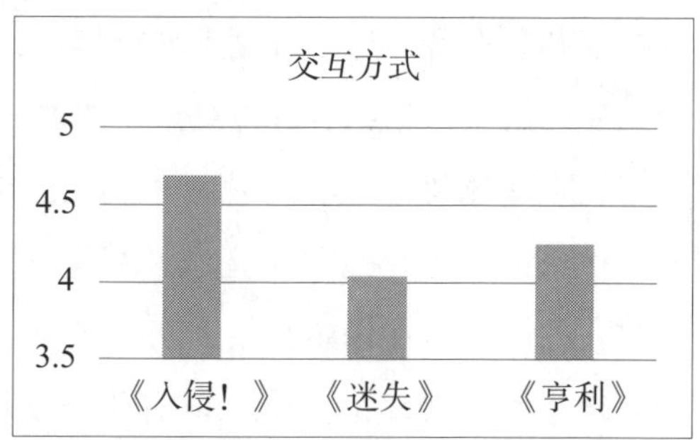

图 4-3　在场感和交互方式结果

是立体声设计，但是由于《迷失》的场景设计是在黑暗的森林中，场景较为静谧黑暗，声音出现后对比感较强，容易吸引观众的注意力。例如黑色画面中萤火虫拍动翅膀的声音，鸟儿被惊飞扇动翅膀拨动树枝的声音，机器人踏步的声音等，这些声音的设计都是为了吸引观众注意力，也成功引导了观众的视线。影片《亨利》的声音定位得分略低于《迷失》，结合之前的音乐维度分析，表明《亨利》在声音定位方面也是做得较为出色的。

在眩晕感维度上：该维度是反向计分，得分越低，眩晕感越强。结果表明影片《入侵！》的眩晕感最低，其次是《亨利》,《迷失》的眩晕感最强。眩晕感的影响因素较为复杂，例如信号延迟、图像与声音的不匹配，以及视觉、听觉和大脑前庭神经的感受不匹配导致感官失调，都会引起眩晕感。感觉冲突理论认为视觉和身体运动知觉间的不匹配导致了不适感，该理论是目前有关全景影片眩晕的理论中最被广为接受的。

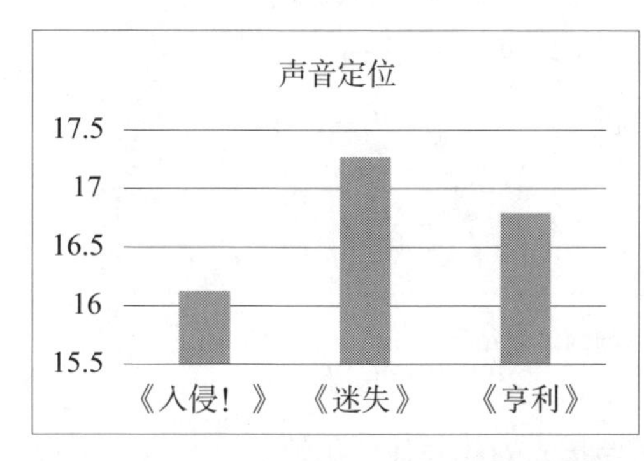

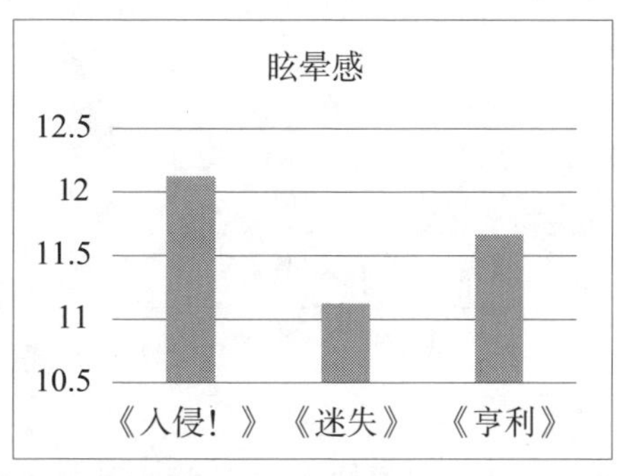

图 4-4　声音定位和眩晕感结果

在具体情绪体验上，三部影片各有特色，根据Izard 的情绪分化量表得分，我们可以对三部VR 动画电影的观影情绪体验特点有非常直观的了解。（1）在《入侵！》这部电影中，较为强烈的情绪体验包括快乐、兴趣、惊奇、满意和放松，可见该影片整体的创作风格是较为轻松有趣的；（2）在《迷失》这部电影中，较为强烈的情绪体验包括兴趣、惊奇、恐惧、满意和紧张，尤其在恐惧和紧张两个方面尤为突出，可见该VR 动画成功营造了紧张、恐惧的气氛，这与该影片的悬念剧情设计以及黑暗静谧的森林场景氛围也是非常相符的。（3）在《亨利》这部电影中，较为强烈的情绪体验包括快乐、兴趣、悲伤、惊奇、满意、放松，而且这些情绪体验强度均超过另外两部电影。

在总体情绪体验强度上：影片《亨利》的体验强度得分最高，其次是《迷失》,《入侵!》的体验强度得分最低。结合之前对影片剧情内容的分析，影片《亨利》剧情发展丰富且有起有伏，因此引起观影者较为强烈和丰富的情感体验，具体情绪体验强度的结果也支持了这一观点。

在总体满意度维度上：影片《亨利》的总体满意度得分最高，其次是《入侵!》,《迷失》的总体满意度得分最低。结合之前对影片创作特点的分析，正是因为影片《亨利》在剧情、声音、在场感营造等创作方式和创作思路的精心设计，才使得受众对该影片的总体满意度较高和总体情绪体验较强，我们的实证数据是对以上理论分析的有力证明。而《入侵!》在交互设计和眩晕感方面做得较好，因此在满意度上也强过《迷失》。

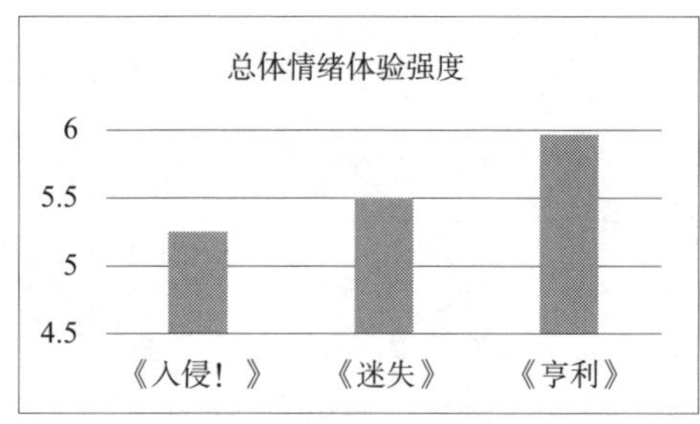

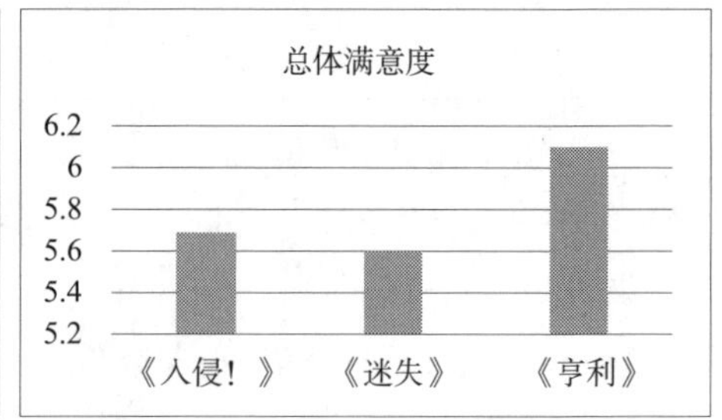

图 4-5　情绪与满意度结果

在VR 动画电影的观影过程中，哪些因素对用户体验影响较大？总体满意度与哪些因素密切相关？情绪体验强度与什么因素关联最大？在相关分析中，通过对《入侵!》、《迷失》和《亨利》这三部VR 动画电影结果的分析，我们将对以上问题做进一步探讨。

表 4-2　相关分析结果

	总体满意度	在场感	交互方式	眩晕感	音乐	声音定位	剧情
总体情绪体验强度	.649**	.614**	0.072	0.183	.638**	.288*	0.202
总体满意度		.454**	0.17	0.235	.740**	.380**	.667**
在场感			0.181	0.211	.481**	0.164	0.225
交互方式				-0.152	0.177	0	0.103

续表

	总体满意度	在场感	交互方式	眩晕感	音乐	声音定位	剧情
眩晕感					0.181	-0.096	-0.017
音乐						.484**	.575**
声音定位							.379**

注：星号表示差异具有统计学意义。**表示$p<0.01$，*表示$p<0.05$。

相关分析结果发现，在VR 动画电影中，影响用户总体情绪体验强度和总体满意度的重要因素有在场感、音乐、声音定位和剧情，这些因素之间的相关性也都非常显著。

其中，剧情和音乐这两个方面与观影者的满意度关系最为密切，本研究首次在实证研究中证实剧情和音乐是影响VR 动画电影观影体验的重要因素。在传统银幕电影中，剧情和音乐无疑是非常核心的要素，虽然VR 作为新技术带来了新的视听手段和语法的变革，但实验证明，VR 影像离不开电影的本质特征，叙事作为传统电影的核心特征，也必然在当下的VR 动画电影中起着关键作用。音乐也在人物主导的叙事时空中与剧情一起构建了电影最主要的审美情感。

其次，在场感作为VR 核心特征，本研究发现总体情绪体验强度、总体满意度和音乐三个维度与在场感显著相关，这表明在VR 动画电影中，在场感与观影者的情绪体验和满意度是密切相关的，而且本研究首次发现影片的背景音乐和声音与在场感的关系尤为密切。

最后，关于交互方式和眩晕感这两个维度，本研究没有发现这两个因素与用户总体情绪体验强度和总体满意度及其他因素存在显著的相关性。在交互方式方面，交互方式的数量并不影响观影者的体验感受，这一发现可能与创作者对VR 影像的预期有所偏差，当前VR 内容的创作非常重视交互性的设计，然而交互方式越多并不会给观影者带来越强的体验感，因此创作者应该更注重交互设计的独特性，而不是数量。在眩晕感方面，眩晕感的高低不会影响观影者的体验感受，降低眩晕感不仅是一个技术问题，而且也是一个创作的设计问题，创作者在镜头的转换和设计上会尽量减少观影者的眩晕感，以求提升观影者的体验，但是眩晕感的高低不是影响观影者观影体验的核心要素。

综合以上分析，本研究对VR影片的创作特点进行了深入解读，旨在通过对当前VR动画短片代表性作品进行测试，以数据为支撑寻求多维度的VR影片测评工具，分析结果与影片内容、创作特点表现出较好的一致性，表明本研究的测评方式是行之有效的，这是对创作设计的一个有效验证。由于当前VR创作仍处于一个摸索期，评价标准匮乏且评价方式单一，本研究将是对传统影评的一个有力补充和发展。而且，各因素之间的相关分析也揭示了在场感、音乐和剧情等重要因素与观众体验有着密切关系，为VR影片的实践创作提供了客观依据。

第四节　国内VR影像的用户体验研究

一、研究设计

本研究分析的VR影像作品选自2017年至2020年间优秀国产VR影视作品，分别为《窗》、《烈山氏》和《杀死大明星》，三部影片均在威尼斯国际电影节中入围或获奖，在艺术性与技术性等各方面都达到了较高的标准。在出品机构上，考虑到在影视制作方面每个工作室都有其显著的特征，为了规避创作习惯与创作风格给实验带来的干扰，三部影片来自三个不同的制作团队，《烈山氏》来自平塔工作室，《窗》来自上海魏唐影视公司，《杀死大明星》来自爱奇艺VR。在创作类型上，《烈山氏》和《窗》为动画类影片，《杀死大明星》为真人实拍故事片，二者在画面风格上有较大的差异，实验数据在一定程度上能够为创作者提供宝贵的创作建议。几部测试影片不但代表了国内VR工作室的较高水平，也反映了不同时期的VR作品风格。

《窗》由上海魏唐影视公司2017年出品，导演为邵晴。主要讲述了一个小男孩在梦幻奇境中遨游，他经过狭长的甬道，目睹巨大的鲸鱼，置身壮观的图书馆，直到抵达一片静谧旷野。画面淡出，小男孩原来是一个画中人物，而画他的是一个双腿残疾的小女孩。她坐在轮椅上，头戴VR 设备，靠画笔和科技的力量翱翔在窗外世界。《烈山氏》由平塔工作室 2018 年出品，讲述了炎帝神农偶食致幻毒草莨菪并在幻境中与毒物幻化之妖兽大战的故事，为观众带来全新的沉浸式中国风视觉盛宴。《杀死大明星》由爱奇艺VR 2020 年出品，是一部互动沉浸式VR 作品，讲述了一场发生在密闭空间中的悬疑杀人事件，观众在体验中以观察者的视角亲身经历整个事件。该影片在第 77 届威尼斯国际电影节上斩获最佳VR 故事奖，也成为国内第一部在威尼斯国际电影节上获奖的VR 影片。

二、研究方法

本研究是在VR 实验室中进行操作的，实行一对一的观影体验。本次实验共有 37 名健康的中国大学生参加了测试，有效数据 36 个，其中 1 位被试因身体原因未完成测试。在 36 个有效数据中，男生 13 人，女生 23 人。在年龄的分布上，最大年龄为 26 岁，最小年龄为 18 岁，平均年龄为 20 岁。在受教育水平方面，所有被试均具有本科及以上学历。

本研究在VR 实验室中进行，在进入实验室后主试给被试介绍实验目的和实验流程，提醒相关注意事项。每位观影者会依次观看四部VR 影片，每体验完一部影片后立刻填写用户体验报告。影片播放顺序以拉丁方阵排列，因此被试的观看顺序不是固定的，能够有效避免不同影片之间的干扰。影片《烈山氏》和《杀死大明星》在PC 端通过Steam 平台进行观看，被试在观看过程中需头戴HTC Vive Cosmos VR 头显；影片《窗》为下载版片源，通过Pico Neo 2 头显设备观看。

三、研究结果与分析

（一）VR 经验分析

VR 经验的调查包括三部分内容：VR 设备购买情况、VR 设备使用情况、VR 内容体验经验。在VR 设备购买情况的调查中，所有被试中仅有 1 位曾经购买过VR 设备。在VR 设备使用情况方面，我们列举了目前市面上最常见的

8 款VR 头显设备，并考虑到目前市场上产品众多，因此添加了“其他”和“未使用过”两个选项。结果发现在 36 个有效样本中，未使用过VR 头显设备的被试有 19 人，占比 52.8%；使用较多的设备是HTC Vive 和Oculus，各占比 11.1%。在VR 内容体验经验的调查中，将VR 内容根据不同体验类型进行划分，主要分为 7 大类，包括游戏类、电影类、视频类（旅游、城市风光等）、艺术创作类、社交类、教育类及无或其他。分析发现，其中体验过游戏类VR 的被试最多，占了总人数的 50%；其次是电影类，占比 27.8%（图 4-6）。

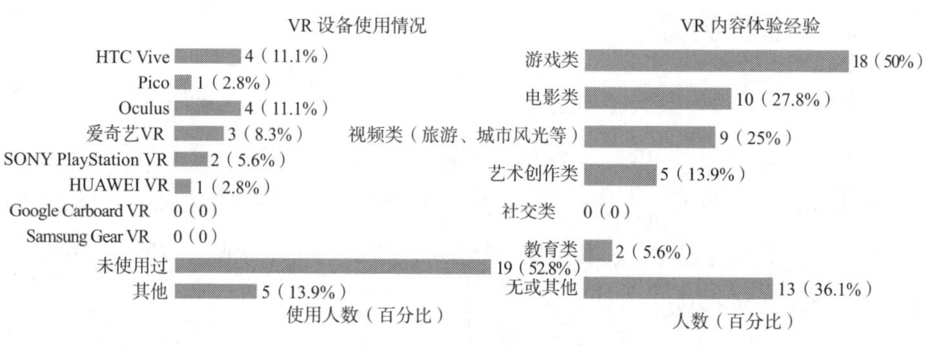

图 4-6 VR 经验结果

（二）媒介因素分析

1. 眩晕感

首先，我们对眩晕感量表的信度进行了检验，三部影片的眩晕感测验信度系数均高于 0.9，分别为 0.937（《窗》）、0.942（《烈山氏》）、0.943（《杀死大明星》），信度系数的总体平均值为 0.94，说明该量表具有很高的内部一致性信度。眩晕感的影响因素较为复杂，例如信号延迟、图像与声音的不匹配以及视觉、听觉和大脑前庭神经的感受不匹配导致感官失调，都会引起眩晕感。

在眩晕感方面，影片《杀死大明星》的眩晕感最强。在具体症状得分上，三个症状中，方向障碍在三部影片中得分远远高于恶心症状和动眼神经不适（表 4-3）。在拍摄方式上来说，《杀死大明星》采用真人实拍的方式，在影片中所呈现的场景与观众在现实生活中所出现的场景一致，画面中的房间构造、吊灯、沙发、服装等与现实生活中的物品一致，再加上影片采用房间式的空间布局模式，房间众多且没有特别明显的标识，观众在跟随剧情中的人物更换房间的过程中会逐渐丧失方向感。而其他两部影片相对来说观众无须自己转换剧情中的位置，只需要跟随主人公及画面中相对应的声音、图像的引导转换视线，对方向感的要求相对较低。

表 4-3　眩晕感分析结果

眩晕感	《窗》（平均值± 标准差）	《烈山氏》（平均值± 标准差）	《杀死大明星》（平均值± 标准差）
恶心症状	20.67（±28.346）	22.45（±33.287）	19.9（±33.4）
动眼神经不适	22.32（±30.533）	31.21（±36.982）	32.05（±38.567）
方向障碍	45.24（±56.994）	46.67（±66.704）	54.09（±73.174）
总体得分	31.27（±39.135）	36.74（±47.033）	38.15（±48.685）

2. 空间在场感

空间在场感体验量表的信度良好，分别为 0.919（《窗》）、0.919（《烈山氏》）、0.878（《杀死大明星》），信度系数的总体平均值为 0.91，说明该量表具有很好的内部一致性信度。

表 4-4　空间在场感分析结果

影片	空间在场感（均值/ 标准差）	
《窗》	22.17	7.74
《烈山氏》	22.74	8.25
《杀死大明星》	24.89	6.95

三部作品中，空间在场感得分最高的是《杀死大明星》，其次是《烈山氏》,《窗》的空间在场感得分最低（表 4-4）。配对样本 T 检验结果表明，《杀死大明星》的空间在场感得分显著高于《窗》（t=2.206，p<0.05）。影片《杀死大明星》明显区别于其他两部影片的地方在于其采用真人实景拍摄的方式，观众看到的虚拟场景与现实中差别不大，能够快速将观众代入，虚拟场景的仿真度是体验者形成在场感的首要因素，因此给观众带来更强的“忘记真实环境”“我真的在虚拟环境中”的感受，并且与其他两部影片通过电脑技术进

行搭建的非写实场景相比，有更强的代入感。

在场感的内在因素是自主感（Sense of Agency）和拥有感（Sense of Ownership）[①]，自主感指在虚拟场景中“那个动作是我发起的”的感觉，感觉到我在操纵游戏中的某个元素，在《杀死大明星》中，影片视觉位置的下方设置了可以改变时间与空间的操控界面，观众在观看过程中可以对影片观看位置与时间进行简单改变，让观众感受到强烈的操纵感，大大加强了观众对影片的自主感。拥有感指在虚拟场景中“那个正在经历体验的人是我”的感觉，在整部影片中，观众的视角与演员齐平，当演员在场景中发生位置变化时，镜头也会随着演员进行移动，这些真实的参照更能加强观众在空间中的存在感，将现实世界的原始动作投射到虚拟世界中，以第一视角观察虚拟世界，此时的观众无法看到自己的化身形象，但通过剧中人物与镜头的互动，使观众强烈地感受到自己也是这个房间中的一员，当虚拟环境中发生“谋杀”时，更能够激发观众“害怕”的沉浸感受，并通过第一视角的认知感受，加上影片开放的位置移动交互设置，使观众更强烈地感受到“能在虚拟环境中移动”的感受。

3. *交互方式*

在交互方式上，《杀死大明星》采用的交互方式较多，尤其是在与剧情相关的交互方面优势明显，能够体现出这是一部交互式VR影像作品的特色。总的来说，《烈山氏》较少采用交互方式，除了“眼神交互”略占优势，其他方面都明显弱于其他两部影片。《窗》作为一部较早的VR影像作品，采用的交互方式总体来说是较少的，主要体现在一些操作性方面的交互，未设计与剧情、体验相关的交互方式。

影片《窗》在内容上更倾向于对奇观化场景的体验，在场景中有鲸鱼在窗边游走、从窗户飞向天空等现实生活中无法实现的场景，观众在观看时能够很好地体验到这些奇观，这种对奇幻场景的感官体验是观众在此场景中的体验，且本部影片并没有明确的剧情描述，而是通过一个个片段化的场景构建，与剧情无关，因此体验型交互得分最高。

---

① GALLAGHER S. Understanding interpersonal problems in autism：interaction theory as an alternative to theory of mind［J］. Philosophy，psychiatry，and psychology，2004，11（3）：199-217.

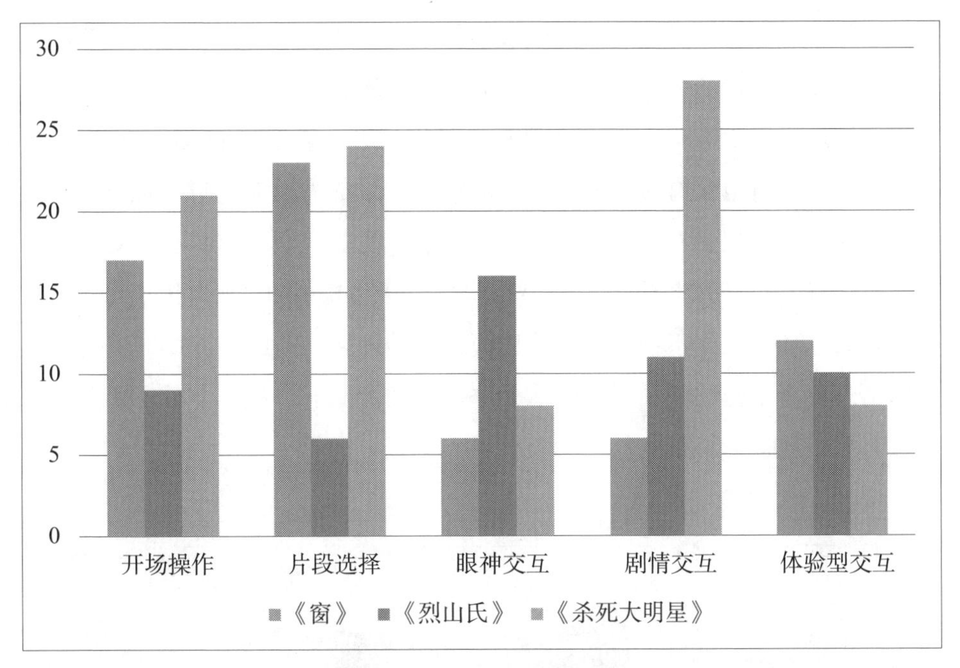

图 4-7　交互方式分析结果

影片《烈山氏》在观看时，因为使用的是PC 端的Steam 进行观看，被试戴好头显并入座后，由主试对PC 进行操作以播放影片，所以在开场操作上得分最低。整部动画中间无须操作，并不牵扯到与剧情有关的操作。但在影片内容上，动画中的主角烈山氏最初出现并在丛林中独自一人寻找草药时，在搜集的过程中，烈山氏不断拿起草药并望向镜头，使观众在场景中好似陪伴在烈山氏旁边，镜头也会根据烈山氏的目光方向推进，让观众在无形中有较强的参与感。

《杀死大明星》与其他两部影片相比有更强的交互性和游戏性，因为影片本身以同一时间内不同空间的转换为基础，观影者需要在观看过程中不断对影片进行操作，使自身犹如置身于房间之中。不同的房间在不同的时间发生着不同的事件，而观者在同一个时间内只能置身于一处，进而了解所在之地所发生的事件，因此每一次对化身位置的转变都会带来不同的情节体验。影片《杀死大明星》中的每一次操作都与剧情息息相关，而每进行一个操作都会带来不同的故事片段，因此交互操作与片段选择也有一定的关联。

4. 流畅性

在流畅性方面，三部影片在界面信息理解方面的得分并无太大差异，均处于平均水平以上，说明这三部代表性作品在界面设计的信息传达上都较为清晰。在手柄操作流畅性上，《窗》的操作流畅性最高，《杀死大明星》的操作流畅性最低（图 4-8）。《窗》在体验时使用的为下载版，在Pico 头显上离线使用，在操作时也仅有一个“点开”的动作，故整体较为流畅。而《杀死大明星》在观影过程中有大量需要交互的环节，需要观众与画面不断交互，在交互时会有手柄与影片不匹配的现象，并且在此影片中不同房间的剧情设计，如果在某一环节操作不畅便会影响后面剧情的理解，因此此影片的手柄操作与剧情理解有紧密的联系，在剧情无法推进的情况下，观众会对手柄操作流畅性有更加负面的评价。

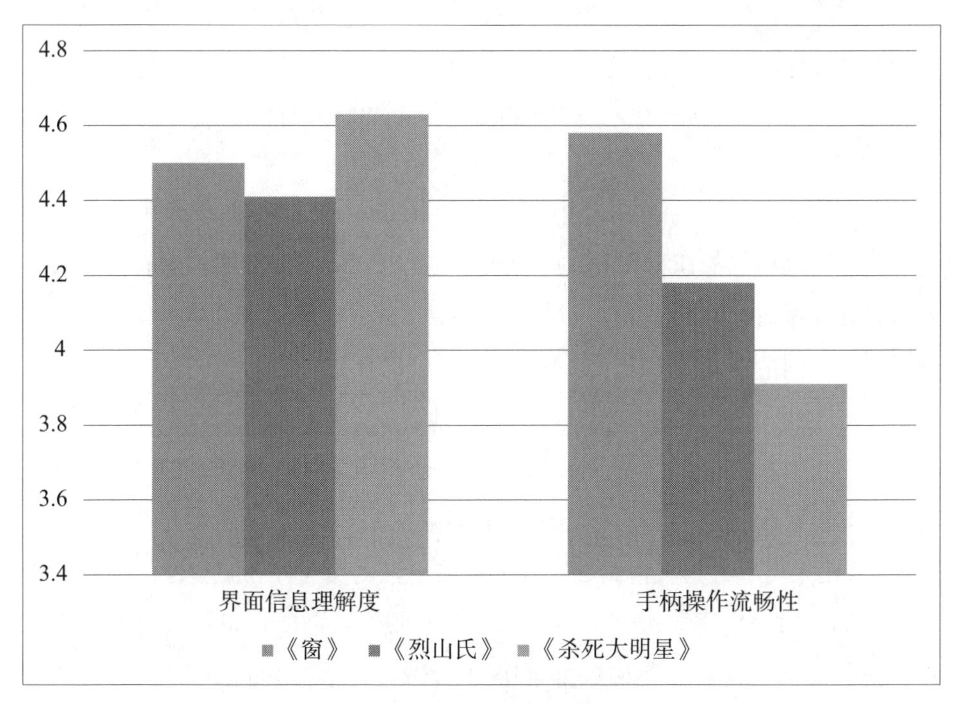

图 4-8　操作流畅性分析

（三）情感体验分析

首先，我们对积极消极情感量表信度进行了分析，量表总体信度系数为 0.924，子维度积极情绪的信度系数为 0.93，子维度消极情绪的信度系数为 0.815，总量表与子维度均具有较高的信度。

1. 情绪维度分析

积极消极情感量表主要包括积极情绪维度和消极情绪维度，分析结果表明：三部影片的积极情绪得分均高于消极情绪的得分。如表 4-5 所示，在积极情绪维度上，影片《烈山氏》的平均值最高，为 27.29；影片《杀死大明星》的平均值最低，为 26.74。在消极情绪维度上，影片《杀死大明星》的平均值最高，为 15.77；影片《烈山氏》的平均值最低，为 12.06。

表 4-5 情绪维度分析结果

影片	积极情绪（平均值± 标准差）	消极情绪（平均值± 标准差）
《窗》	26.97（±7.22）	12.42（±2.49）
《烈山氏》	27.29（±9.09）	12.06（±2.27）
《杀死大明星》	26.74（±8.63）	15.77（±3.71）

影片《烈山氏》在整体剧情上营造出积极奋斗、战胜怪兽的氛围，节奏相较于另外两部影片来说快慢相间，刚入场时主人公在山林间慢慢行走，观众可以跟着主人公游览整个峡谷，紧接着怪兽出现，主人公在与怪兽的搏斗中不断更换不同色调的场景，搏斗中观众的视线范围也逐渐增大，观众的视线此时不但需要紧跟着主人公以跟进剧情，还需要兼顾主人公之外的背景元素，大大加强了观众的探索欲。每一个场景中均有鲜明的色调，在打斗的场景中没有过多的内容搭建，因此复杂的搏斗动作与简单的背景元素能够很好地协调观众的视线，而在动作简单的场景中，搭建出了宏大的奇观场景以供观众探索，使场景与动作完美结合。其中的配乐与搏斗的动作一致，有很好的节奏感，并且剧情与节奏紧密融合，再加上有传统文化作为背景依托，因此积极情绪得分最高。影片《杀死大明星》题材以悬疑为主，剧情在刚开始时就以新闻的形式将“死亡”“谋杀”等具有恐怖信息的关键词呈现给观众，观众在观看过程中可以各个房间移动，在同一时间只能看到一个房间发生的事情，并不能对全部情节有整体的了解，在这种未知中加入恐怖元素能更好地渲染恐怖气氛，再加上全景 360 度的沉浸式体验环境，这些恐惧的情绪被放大，因此《杀死大明星》在消极情绪上得分最高。

2. 具体情绪体验分析

各个影像作品在具体情绪体验上均有不同的表现。如图 4-9 所示，影片《窗》在“内疚的”“充满热情的”“羞愧的”“受鼓舞的”“坚定的”五个情绪上略高于其他影片，影片《烈山氏》在“强大的”“自豪的”“有活力的”情绪上略高于其他两部影片；影片《杀死大明星》在“感兴趣的”“兴奋的”“心烦的”“恐惧的”“敌意的”“易怒的”“警觉的”“紧张的”“专注的”“心神不宁的”“害怕的”等多个情绪上有明显高于其他影片的表现。

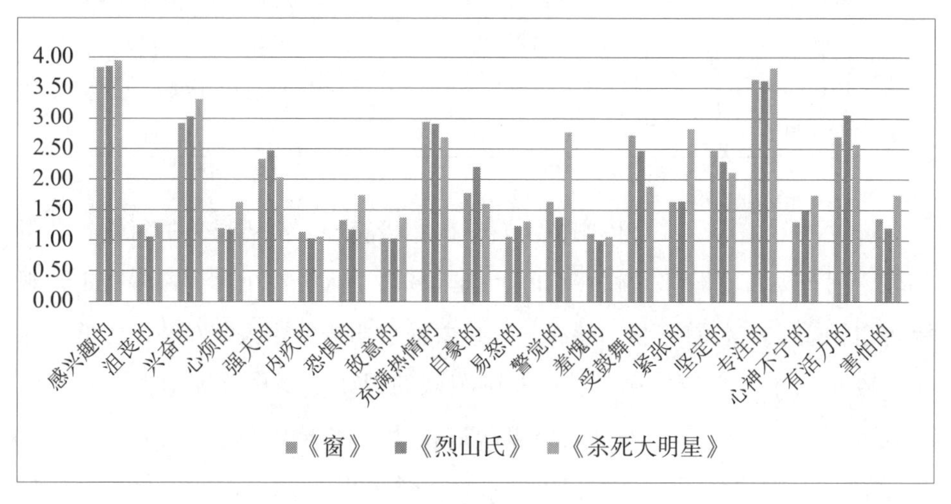

图 4-9　具体情绪体验分析结果

《窗》讲述了关于弱势群体的故事，在这部时长 6 分钟左右的VR 影像中，可以看到一个小男孩在梦幻奇境中遨游，他经过狭长的甬道，目睹巨大的鲸鱼，置身壮观的图书馆，直到抵达一片静谧旷野。而在画面淡出之后观影者会发现，小男孩原来是一个画中人物，画他的是一个双腿残疾的小女孩。她坐在轮椅上，头戴VR 设备，靠画笔和科技的力量翱翔在窗外世界。因为观影者都是健康的大学生，在看到残疾人和自闭儿童时会出现“内疚的”的心理感受。剧情中的残疾儿童通过科技的力量探索世界，“强大的”也是观影者的强烈感受。

《烈山氏》取材于中国传统故事“神农尝百草”，神农氏是中国农业和医药的发明者，《烈山氏》讲述的是炎帝神农在林间偶食毒草，并在自身幻觉中与毒物幻化之妖兽大战的故事。影片中有相当多的打斗场景，主角烈山氏拥有高超的战斗力，影片抒发了强烈的自我挑战、自我超越的感受，在影片的故事讲述中，烈山氏一开始被怪兽打败而坠入地狱，在地狱中得到好友蛇的帮助而激发出身体中潜藏的力量，进而变身为冒着火焰的强壮的人去与怪兽搏斗，最终将怪兽收服，这整个过程中有失败和挫折，但烈山氏依然顽强拼搏最终取得胜利，因此观众在具体情绪上，在"强大的"维度略高于其他两部影片。《烈山氏》的故事取材于中国传统文化，随着近几年传统文化的复兴，国人文化自信不断增强，通过新的叙事技术从中国传统文化里汲取养分，影片里的场景搭建都严格按照中国画中的山川河海的样貌进行构建，其中山水画的意境，小到一处盆栽、远处的重峦叠嶂，大至一个场景的整体构图设计、色彩搭配，每一帧镜头都能让观众感受到中国传统的"美"，因此观影者在影片中有着"自豪的"情绪。

《杀死大明星》是一部真人VR 游戏，故事将同时在犯罪现场的客厅、卧室、更衣室、走廊、书房五个不同的地方开始，每个场景都是完整的远景。影片中呈现的"丑闻风波""死亡威胁""谋杀"等关键词本身就带有恐惧的感受。再加之VR 全景的叙事方式，观众可以在不同的房间里游走，逼真的声效使观众有更强的沉浸感，因此观众在"感兴趣的""兴奋的""心烦的""恐惧的""敌意的""易怒的""警觉的""紧张的""专注的""心神不宁的""害怕的"等多个情绪上有明显高于其他两部影片的表现。

3. 满意度分析

满意度评定是用户在情感和态度方面的主观感受。在满意度方面，三部影片的满意度均较高，其中《杀死大明星》满意度得分最高（表 4-6）。因《杀死大明星》为惊悚悬疑类题材，VR 媒介的特殊属性使观众置身于场景中，深度的沉浸感能够更加放大恐怖情绪。在影片题材的选择中，主要故事内容将"明星""舆论"等关键词联系在一起，与现实息息相关，观众在日常生活中无法真实接触明星的生活，而在此部影片中能够与明星面对面，甚至会有"窥探"的意味，这在一定程度上能明显提高观众的兴趣，带来更加刺激的感受。在影片的开场中，以信息流的形式，搭配具有穿梭感的声效，与其他靠场景建造来营造沉浸感的影片相比，更有代入感，观众仿佛直接穿越到影片的世界中。

表 4-6　满意度分析结果

影片	满意度（均值/ 标准差）	
《窗》	4.25	0.65
《烈山氏》	4.09	0.75
《杀死大明星》	4.29	0.86

（四）认知评价分析

认知评价的分析从剧情、画面、声音和时长等四个方面进行展开。结果发现，三部影片在不同方面呈现出各自的独特性。

表 4-7　影片内容的认知评价分析结果

	《窗》		《烈山氏》		《杀死大明星》	
	平均值	标准差	平均值	标准差	平均值	标准差
剧情喜好度	3.92	.937	3.88	1.008	4.06	.906
画面清晰度	3.97	.878	4.09	.753	3.89	.718
变化或运动速度	2.89	.785	2.24	.699	2.97	.514
音效逼真度	4.00	.862	4.15	.857	4.26	.950
配乐	4.17	.971	4.41	.857	3.86	1.115
影片时长	4.28	.944	4.21	.978	3.66	1.434

1. 剧情

在剧情喜好度上，《杀死大明星》得分最高，其次是《窗》和《烈山氏》。《杀死大明星》影片首创沉浸式戏剧的多线平行叙事，在同一时间轴上支持多个场景并行，观众在观看过程中能够自找路线跟进，并且在影片开头给观众提出了三个问题，观众在观看过程中通过不断转换房间并确定目标人物跟进剧情，让观众有更深入的参与感。《烈山氏》在三部影片中得分较低，是与“神农尝百草”典故相关的故事，整部影片制作精良，特效使用贯穿整部影片，因而减弱了影片中的“毒草莨菪”“太虚幻境”等需要大量虚幻的视觉体验来建构剧情的部分，部分观众在初次观看后并不能完整把握剧情全部信息，致使观众在剧情理解上出现了不同程度的误差。

2. 画面

在画面清晰度上,《烈山氏》得分最高,《杀死大明星》得分较低。从影片本身出发进行分析与比较,《烈山氏》是一部通过计算机与算法制作的VR动画影片，其中的场景在设计与制作时已经经过人为的主观处理，除了不同的场景有不同的色彩倾向，在场景中的各个物体通过不同的刻画程度带来明确的主次分别，有效地将观众的视线吸引到精致刻画的主体物上，使观众感受到更高清的画面体验。在影片《烈山氏》开篇的丛林场景中，距离观众更近的树干、花草等物体被刻画了更多的细节，尤其是树根下的大叶片植物上还闪着点点的露珠，而整个场景中距离观众更远的松树、远山等元素则直接以色块的形式勾勒出轮廓，并没有更多的细节刻画。在影片中，随着观影者视角的转换，光线的变化也会随着人们视线的变化而变化，人的背影甚至会在不同阳光照射的每一个切面呈现出不同程度的变化，场景中光线的加入让气息更灵动，这些动画特效的使用给观影者带来更加真实的体验，甚至通过特效特意加强了某个视觉体验，观众感受到的动画场景越真实，则认为画面的清晰度越高。而《杀死大明星》采用真人实景拍摄，场景中的所有物体都被摄像机一一准确记录，很难通过场景中的特效对比吸引观众的注意，画面的呈现质量远低于肉眼对于现实场景的捕捉，因此给观众带来“画面清晰度低”的感受。并且在动画影片与实景拍摄影片的对比上，观众本身会对实景拍摄影片有更高的心理期待。

在变化或运动速度上，得分越高反映了影片变化速度越慢，在本次调查中,《杀死大明星》变化速度最慢,《烈山氏》变化速度最快。《杀死大明星》在拍摄方式上使用大量长镜头，场景中的人物动作相较于现实中同类型的动作而言较为缓慢，这在一定程度上能够减少镜头运动带来的眩晕感。《烈山氏》在影片后半部分的打斗情节中使用了大幅度的武打动作，并且在场景中具有较大的活动空间，观众需要不断转动头部以捕捉主人公的位置信息，给观众“应接不暇”的感官体验。

3. 声音

在音效逼真度上,《杀死大明星》得分最高,《窗》得分最低。《杀死大明星》在声音技术上采用杜比音效，能够用声音在VR场景中营造出距离感，影片中的五个房间为五条故事线，当观众在一个房间时，虽然看不到另外房间发生的故事，但可以根据特定的声音听到关键剧情。影片为真人实景拍摄，影片中的人物配音能够完全还原剧中人物的情绪及性格，并且剧情中桌子推拉、开门、电流、摔碎玻璃杯等声音都具有极高的还原度，加之实景拍摄的画面具有很高的逼真度。

在配乐上，《烈山氏》得分最高，《杀死大明星》得分最低。《烈山氏》的配乐大多体现在主人公有动作变化时，在变化的过程中配乐能够使动作更加生动活泼。在整体背景音乐上，当烈山氏漫步在丛林时，背景音乐中出现了风声和虫鸣的声音，让画面中没有出现的物象通过声音进入观众的想象中；在烈山氏打斗的过程中，配乐除了丰富打斗细节，还有鼓点的作用，让整个打斗过程节奏感更强。在配乐声音的选择上，音乐风格与影片内容高度契合，使用中国古典音乐营造影片氛围，其中明显出现古筝、笛子等声音，这些极少出现在日常生活中，给观众带来更加新奇的体验。而《杀死大明星》主要为了真实体现五个空间的实时情况，几乎没有在影片中出现配乐，仅在影片开场为了给观众制造更强烈的沉浸感，以穿越的声音将观众代入，在其他场景并没有使用配乐营造整体氛围。

4. 时长

在影片时长上，影片《窗》总时长 5 分钟，《杀死大明星》总时长 20 分钟，得分越低反映了观众觉得影片时长太长，得分越高反映了观众觉得时长越合适。在本次调查中，《窗》的时长最适合观众观看。《窗》通过鲸鱼入海、撒满书籍的图书馆、戴着VR 头显的孩童等场面，在短短 5 分钟内既向观众展示了宏大伟岸的奇观场景，又通过细微的场景将观众拉回现实，给观众带来了很好的沉浸式体验。《杀死大明星》讲述一个需要付出很大精力琢磨的侦探类题材，观众在观看的过程中会出现疲倦的状态，而环环相扣的剧情无法给观众喘息的空间，在观影后半部分会出现不耐烦的负面情绪。

（五）综合分析

本研究从媒介因素、情感体验、认知评价三个维度，结合影像创作内容，对国内三部代表性VR 影像作品进行分析。综合各维度分析结果，对每部作品进行总结分析。

《窗》讲述了一个关于弱势族群的故事。在情感体验方面，该影片以积极情绪体验为主，与其他两部影片的积极情绪体验水平相当，体验者主要体验到“感兴趣的”“兴奋的”“充满热情的”“专注的”等具体情绪，与影片中小男孩带着好奇心遨游梦幻奇境的主题一致。体验者对影片的体验满意度较高。在VR 体验维度方面，该影片的眩晕感、流畅性方面的评分优于其他两部影片，但空间在场感略低于其余两部影片，且交互方式较为单一，以开场操作为主，可见作为早期VR 作品，虽然在题材的选择上具有创意，但创作手法还处在早期摸索阶段。在内容维度方面，该影片在各个指标上的评价得分均较好，包括剧情喜好度、画面清晰度、变化或运动速度、影片时长等，但在音效逼真度方面略低于其他影片。

《烈山氏》是一部以中国神话为题材的VR 影像作品。在情感体验方面，该影片主要以积极情绪体验为主，在消极情绪方面的体验较弱；“强大的”“自豪的”“有活力的”等具体情绪的体验感受较为突出。情绪体验的结果反映了用户对影片以神农尝百草这一经典文化内涵的积极情感体验，且与影片中设计的神农形象和个性特点一致。虽然体验者对影片较为满意，但评分略低于其他两部影片。在VR 体验维度方面，该影片在大部分评价指标处于中等水平，包括眩晕感、空间在场感、流畅性，但是在交互方式的设计上较为单一，以眼神交互为主，尤其缺少剧情相关的交互。在内容维度方面，该影片在剧情喜好度、画面清晰度、影片时长、音效逼真度和配乐方面均表现优秀，尤其在画面清晰度和配乐方面均高于其他影片，但该影片在变化或运动速度方面评分较低，表明该影片节奏设计过快，这也是导致体验者产生眩晕感的重要因素之一。

《杀死大明星》是一部真人VR 影像作品。首先，在情感体验方面，该影片给体验者带来了较为丰富的情感体验，既有积极情绪体验，也有消极情绪体验。与其他影片相比，消极情绪体验较为突出，体验者在“恐惧的”“敌意的”“警觉的”“紧张的”“害怕的”等多个消极情绪上体验强于其他影片，体验者对影片的总体满意度也较高。可见，该影片作为一部悬疑推理剧在用户情感体验方面是较为成功的。其次，在VR 体验维度方面，该影片在空间在场感、剧情交互性、界面信息理解方面都优于其他影片，但在眩晕感、流畅性方面评分较低，有待改进。最后，在内容维度方面，用户体验的数据反映出该影片在剧情喜好度、影片时长、音效逼真度方面具有较好的创作水准，但在画面清晰度和配乐方面与其他影片相比评分偏低，需要从技术和视听方面进一步改进。

本研究采用VR 影像三维分析方法对目前国内代表性VR 影像作品进行了深入解读，以数据为支撑分析VR 影片的创作特点，为VR 的实践创作提供了客观依据，进一步验证VR 影像三维分析方法的可行性。随着目前我国本土VR 技术的发展，越来越多的创作者希望通过VR 技术来讲述中国故事，通过本次研究的对比发现，在类似题材的动画类故事片比较中，带有中国元素的影片更能激发观众的积极情绪，中国神话故事的“奇观性”本身对观众有着吸引力，通过艺术创作使神话故事中不确定的形象、情节确定化，满足了大众对于神话故事的想象，并通过VR 技术将观众置身其中，更进一步拉近了观众与神话故事的距离。在故事的改编中，对神话故事并没有完全按照大众普遍认知的故事情节与人物形象进行设定，在改编过程中甚至颠覆、冲击了受众的期待，使受众在观看的过程中带有“惊喜”“震惊”等情绪，进一步丰富了美学体验。在部分情节的设定中，神话中的主人公不再是高高在上的“神仙”，而是在各种危机压迫的环境中不断经历磨难、不断成长的小人物，观众更能够产生共鸣，进而联想到自身的处境与经历，进一步放大了潜在的情绪。

第五章　VR 影像的情绪加工研究

第一节　情绪心理学概述

一、情绪的基本构成

情绪是人脑的高级功能，情绪的产生伴随着复杂的心理和生理反应，这对有机体的生存和适应起着重要作用，对个体的学习、记忆和行为决策也有着重要影响。情绪是异常复杂的心理概念，具有独特的内部结构。情绪感受是神经生物学活动的一个阶段，是情绪认知相互作用的关键组成部分。情绪图式是最常见的情绪体验，是动态的情绪-认知交互作用，可能由随发展时间出现的瞬时/情境反应或持久的人格特征组成。情绪在意识的进化和所有心理过程的运作中起着至关重要的作用。

Izard 从进化的角度提出情绪的七项原则，为理论发展和新兴主题的研究打开了大门，如镜像神经元系统在情绪体验中的移情、同情、模因及其与情绪图式的关系，并认为情绪和认知虽然具有功能上独立的特征和影响，但它们在大脑中是相互作用、整合或混合的[①②]。

（1）情绪感受来源于进化和神经生物学的发展，是情绪和意识的关键心理成分，常常是内在适应而不是不良适应。

（2）情绪在意识的进化中起着核心作用，影响着个体发育过程中更高层次意识的出现，并在很大程度上决定着人一生中意识的内容和焦点。

---

① IZARD C E. Human Emotions［M］. New York：Plenum Press，1977.

② IZARD C E. Emotion theory and research：highlights，unanswered questions，and emerging issues［J］. Annual review of psychology，2009，60：1.

（3）情绪是动机性的和信息性的，主要是由于它们的经验或感觉成分。情绪情感构成了心理活动和公开行为的主要动力。

（4）基本情绪有助于组织和激励快速（通常或多或少是自动的，尽管是可塑的）行动，这些行动对于适应生存的即时挑战至关重要。在情绪图式中，涉及情绪、感觉、知觉和认知的神经系统和心理过程在产生与监控思想和行为的过程中不断地、动态地相互作用。这些动态的相互作用（范围从瞬间过程到特征或类似特征的现象）可以产生无数的特定情绪体验（例如愤怒图式），这些体验具有相同的核心感觉状态，但具有不同的感知倾向（偏见）、思想和行动计划。

（5）情绪利用通常依赖于有效的情绪–认知互动，是一种适应性思维或行为，部分直接源于情绪感受/动机的体验，部分源于习得的认知、社交和行为技能。

（6）当学习导致情绪与不适应的认知和行为之间的联系发展时，情绪图式变得不适应，并可能导致精神病理学。

（7）感兴趣的情感是可持续的，在正常情况下存在于正常人的头脑中，是从事创造性和建设性努力以及获得幸福的中心动机。兴趣及其与其他情绪的相互作用导致了选择性注意，而选择性注意又反过来影响所有其他的心理过程。

二、代表性情绪理论

当前对情绪结构主要有两种代表性取向：分类取向和维度取向。情绪分类取向源于达尔文的进化论思想，代表性人物有Tomkins、Izard 和Ekman，研究者认为情绪是个体在进化过程中发展出的对外部刺激的适应性反应。Izard 对情绪成分的划分最具代表性，他将情绪分为主观体验、外部表现和生理唤醒三种成分①。主观体验是个体对不同情绪状态的自我感受；外部表现通常被称为表情，包括面部表情、姿态表情和语调表情；生理唤醒指情绪产生的生理反应和变化，与广泛的神经系统有关，如参与情绪加工的中枢神经系统主要涉及杏仁核和以它为核心的广泛连接的神经环路，包括前额叶皮层、扣带回皮层、下丘脑、杏仁核等部位，以及自主神经系统、分泌系统和躯体神经系统②。

① IZARD C E. The psychology of emotions［M］. New York：Plenum Press，1991.

② 傅小兰. 情绪心理学［M］. 上海：华东师范大学出版社，2016.

情绪两因素模型是目前情绪研究的重要视角之一①，该观点认为情绪成分可分为正性情感（如高兴的、激动的、兴奋的等）和负性情感（如无聊的、悲伤的、恼火的等）。基于这一观点，罗素提出了情绪模型②，认为情绪可以从愉快度和强度两个维度进行划分，其中愉快度是最常见的区分维度，分为愉快和不愉快，这种分类用评价情绪词或归类的方法，在英语国家和非英语国家如中国、克罗地亚、爱沙尼亚、希腊、日本、波兰、德国等都得到了一致的研究结果③④。

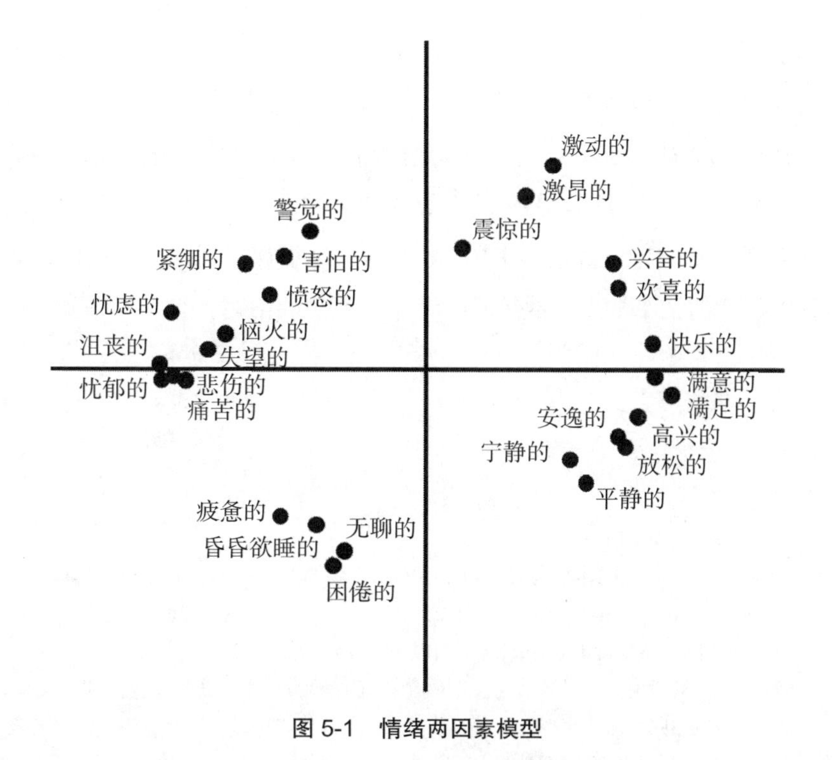

图 5-1　情绪两因素模型

① TUCCITTO D E，GIACOBBI P R，LEITE W L. The internal structure of positive and negative affect：a confirmatory factor analysis of the PANAS［J］. Educational and psychological measurement，2010，70（1）：125-141.

② RUSSELL J A. A circumplex model of affect［J］. Journal of personality and social psychology，1980，39（6）：1161.

③ LARSEN R J，DIENER E. Promises and problems with the circumplex model of emotion［J］. Review of personality and social psychology，1992（13）：25-59.

④ REISENZEIN R，SPIELHOFER C. Subjectively salient dimensions of emotional appraisal［J］. Motivation and emotion，1994，18（1）：31-77.

Watson 等人编制的正负性情感量表正是基于两因素模型理论开发编制的测量工具[①]。

电影在情绪研究领域中的应用由来已久。早期的“压力”研究经常使用电影来引发情绪反应。电影被认为是最有效的情绪诱发材料，国内外研究者对电影的情绪诱发效果进行了大量的实证研究，研究方法也不仅限于情绪体验的主观报告，不少研究者还采用外周神经电活动记录方法，对电影引起的情绪生理反应进行了客观测量[②③]。2010 年，Schaefer 等研究者建立了一个标准化的情绪诱发电影库，由 50 名电影专家选出 70 部电影片段，再由 364 名被试对这些电影片段进行多维度评定[④]。与Lang 等人的国际情绪图片系统和 Ekman 的面部表情系统类似[⑤⑥]，这套情绪电影系统的目的是让研究者在以电影为刺激材料时有据可依。与传统电影的情绪加工相比，VR 影像的情绪加工是否会表现出新的特点？近年来VR 影像越来越重视与用户的交互性，VR 交互过程中用户的情绪加工特性是研究者非常关注的主题。

---

① WATSON D，CLARK L A，TELLEGEN A. Development and validation of brief measures of positive and negative affect：the PANAS scales［J］. Journal of personality and social psychology，1988，54（6）：1063.

② 黄敏儿，郭德俊. 原因调节与反应调节的情绪变化过程［J］. 心理学报，2002，34（4）：371-380.

③ GROSS J J，LEVENSON R W. Emotional suppression：physiology，self-report，and expressive behavior［J］. Journal of personality and social psychology，1993，64（6）：970-986.

④ SCHAEFER A，NILS F，SANCHEZ X，et al. Assessing the effectiveness of a large database of emotion-eliciting films：a new tool for emotion researchers［J］. Cognition and emotion，2010，24（7）：1153-1172.

⑤ BRADLEY M M，LANG P J. The international affective picture system（IAPS）in the study of emotion and attention［M］//COAN J A，ALLEN J J B. Handbook of emotion elicitation and assessment. New York：Oxford University Press，2007，29-46.

⑥ EKMAN P. Facial expression and emotion［J］. American psychologist，1993，48（4）：384.

第二节　VR 影像的主观情绪体验特点

一、研究设计

为研究VR 影像新媒介对用户情绪情感加工的影响，揭示VR 影像独特的主观情绪体验特点，我们对比分析了VR 影像与 2D 影像的观影体验差异。

二、研究方法

研究选取 2016 年迪士尼特效动画电影《奇幻森林》作为分析材料，该电影讲述了小男孩毛克利在丛林中长大和生存的故事。VR 版电影包含两个片段：片段 1 是毛克利遇到蟒蛇的故事；片段 2 是毛克利被抓到山洞中遇到大猩猩的故事，下载片段由Final Cut 软件进行剪辑。我们根据两段VR 版剪辑出两段对应的 2D 版，两个版本在情节、对话和时间上进行匹配。本研究被试有 38 人，其中 19 人观看VR 版电影片段，另外 19 人观看 2D 版电影片段，被试均来自北京高校，平均年龄 23 岁，19 名男性，19 名女性。

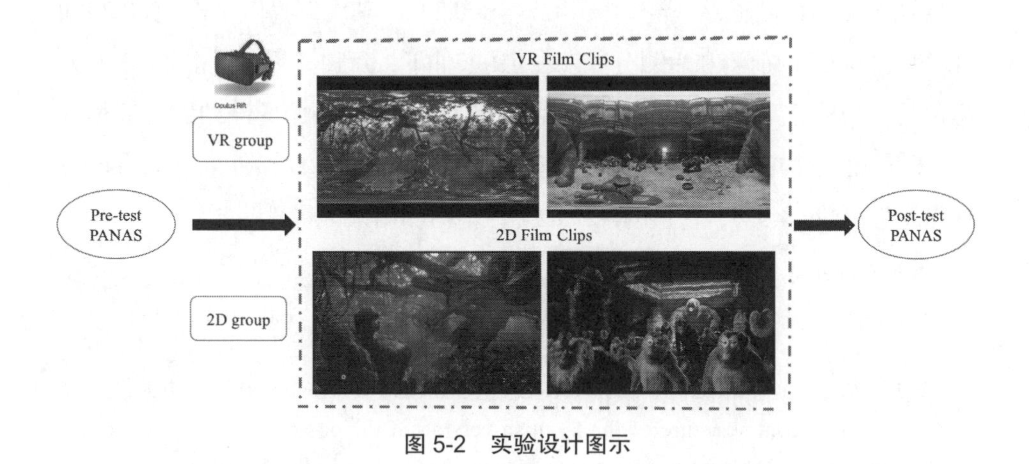

图 5-2　实验设计图示

三、研究结果与分析

我们使用PANAS 来测量观看电影剪辑前后的情绪变化[1]。该量表是测量积极和消极情绪状态的可靠有效的工具。20 个形容词被用来描述积极和消极的感觉。积极情感（PA）的 10 个项目是专注的、感兴趣的、警觉的、兴奋的、充满热情的、受鼓舞的、自豪的、坚定的、强大的和有活力的。负面情绪（NA）的 10 个项目是沮丧的、心烦的、敌意的、易怒的、害怕的、恐惧的、羞愧的、内疚的、紧张的和心神不宁的。参与者按五分制对每一项进行评分，1 分表示“非常轻微或根本没有”，5 分表示“非常严重”。分析 10 个阳性项目和 10 个阴性项目的总分。Watson、Clark 和Tellegen 提出，正常人群的平均积极情感得分为 29.7（SD = 7.9），平均消极情感得分为 14.8（SD =5.4）。PANAS 中文修订版在中国人群中具有良好的信度和效度。先前的研究证明PANAS 在青少年群体中具有良好的可靠性和跨国家、跨语言（汉语、荷兰语、英语、法语、德语、意大利语、波兰语、俄语和西班牙语）的结构效度[2]。

首先，我们比较了VR 组和 2D 组之间的主观体验差异。在减去基线后（前后），我们获得了主观体验差异指数。VR 组和 2D 组之间的方差分析揭示了两组之间消极体验的显著差异（F=4.895，p=0.033）。当观看电影片段时，VR 组比 2D 组体验到更强烈的负面情绪。然而，我们没有发现两组被试在积极情绪体验方面有显著差异（F=1.425，p=0.24）。其次，我们比较了VR 组和 2D 组每个项目的前测和后测分数。在VR 条件下，六种情绪（兴奋的t=3.489，恐惧的t=3.684，敌意的t=2.932，紧张的t=2.998，心神不宁的t=2.127，害怕的t=3.249）的平均得分在前后测之间有显著差异。而在 2D 条件下，只有两种情绪（恐惧的t=4.025，害怕的t=2.882）在前后测结果中有显著差异。

---

① WATSON D，CLARK L A，TELLEGEN A. Development and validation of brief measures of positive and negative affect：the PANAS scales［J］. Journal of personality and social psychology，1988，54（6）：1063.

② ORTUÑO-SIERRA J，SANTARÉN-ROSELL M，DE ALBENIZ P A，et al. Dimensional structure of the Spanish version of the positive and negative affect schedule（PANAS）in adolescents and young adults［J］. Psychological assessment，2015，27（3）：E1-E9.

基于此，我们可以分析得出，本研究中的VR 和 2D 电影片段的情节、场景相似，让所有被试都产生了恐惧和害怕的情绪感受，但不同的是，VR 影像场景让被试产生了一些有别于 2D 电影场景的情绪感受，如兴奋、紧张，我们认为这是观影者初次使用VR 头显观看电影所带来的特殊感受。而有一些情绪感受如心神不宁和敌对，则与该VR 影片所带来的负面情绪体验密切相关。

表 5-1　情绪的主观体验结果

	VR 影片		2D 影片		方差分析	
	平均值	标准差	平均值	标准差	F	显著性
消极情绪	4.8	6.57427	0.6316	5.04657	4.895	0.033^{*}
积极情绪	2.35	6.65918	0.0526	5.23316	1.425	0.24

注：星号表示差异具有统计学意义。**表示$p < 0.01$，*表示$p < 0.05$。

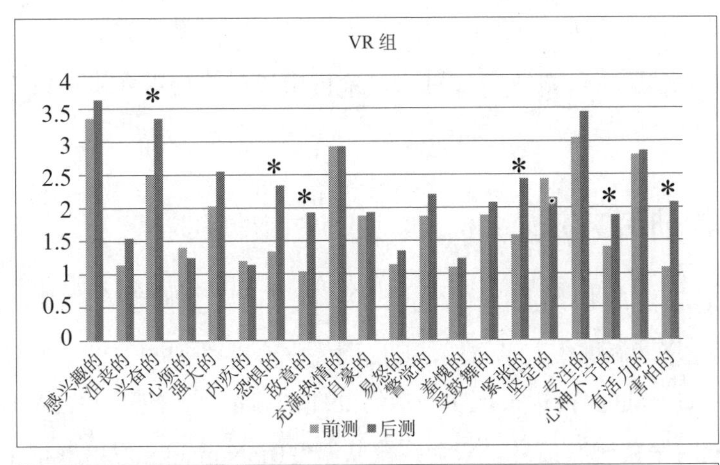

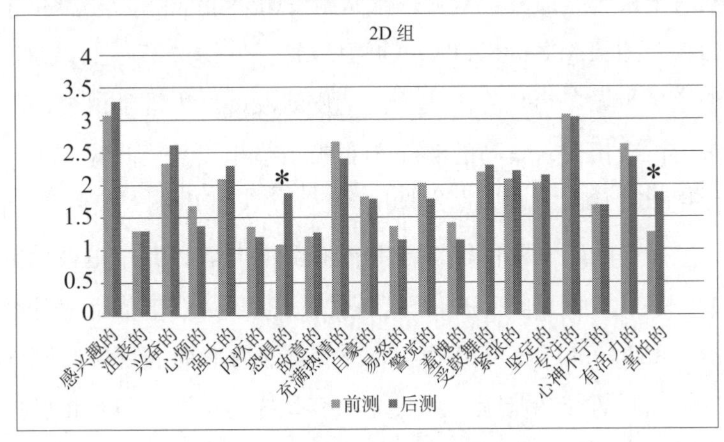

图 5-3　观影主观体验前后测结果

第三节　VR影像的客观情绪加工特点

一、研究设计

情绪心理学家一直以来都非常重视情绪的心理生理学研究，尤其是情绪的自主生理反应研究，因为自主生理变化和情绪联系密切，常用的自主神经系统活动指标有心率、皮肤电导反应、指温、血压等。研究证实，这些指标都是标定情绪变化的有效指标。为研究VR影像这一新兴媒介的独特情绪加工特点，本研究从心理生理学的角度，对VR影像的客观情绪反应进行研究。通过与2D传统影像内容对比，分析用户对两种媒介影像的客观情绪加工差异。

二、研究方法

根据之前的情绪研究，记录了五个原始生理信号，即皮肤温度A（SKTA）、皮肤温度B（SKTB）、心电图（ECG）、呼吸（RSP）和光电容积描记术（PPG），这些指标被证明与情绪处理密切相关。使用BIOPAC MP150无线设备同时采集所有信号。双无线皮肤温度BioNomadix发射器记录两个通道的温度数据，通道A名为SKTA，通道B名为SKTB。实际上，通道A与食指相连，通道B与无名指相连，用于测量皮肤温度。生理学研究已经发现皮肤温度通常与情绪相关，较高的SKT与积极情绪相关，较低的SKT与消极情绪相关。使用ECG100C-MRI放大器和三个Ag/AgCl电极记录ECG信号。使用标准的三电极导联II配置将ECG电极连接到参与者，其中电极放置在右锁骨以及左下、右下胸腔上。RSP信号公司使用RSP100C放大器对呼吸进行直接物理测量。RSP100C配合TSD201传感器测量呼吸时腹部或胸部的扩张和收缩。将PPG通道置于中指上，通过光电容积描记术测量血容量脉搏（BVP）。在连接电极之前，参与者用蒸馏水冲洗他们的皮肤和手。通过使用连接到运行Acknowledge 4.2 软件包的数据采集计算机的BIOPAC MP150 系统，以 200 赫兹对信号进行采样。基线记录是在观看电影前的两分钟休息时间内进行的。生理多导仪记录了观影前和观影过程中的生理变化过程，将观影前一分钟的生理变化作为基线。食指指温作为记录指标，所取值为食指指温的平均值，每 10 秒取一个数值。

三、研究结果

我们分析了五个生理指标，包括四个原始指标（SKTA、SKTB、ECG 和 PPG）和一个来自心电图的转化指标——心率（HR）。计算VR 组和 2D 组的每个测量指标的平均值。减去基线后，得到生理反应差异指数。结果发现，当被试观看蟒蛇影片片段时，VR 组和 2D 组的SKTA、SKTB 和HR 的平均值有显著差异。VR 条件下SKTA 和SKTB 的平均值明显低于 2D 条件下的平均值。VR 条件下的HR 大于 2D 条件下的HR。当被试观看大猩猩影片片段时，只有SKTB 的平均值在VR 组和 2D 组之间有显著差异，SKTA 的平均值在两组之间有微小差异。该差异还表明，SKTA 和SKTB 的平均值在VR 条件下比在 2D 条件下低。

表 5-2　生理指标分析结果

影片片段	生理指数	VR 组			2D 组			AVONA analysis	
		N	Mean	SD	N	Mean	SD	F	Sig.
Snake Clip	SKTA（℃）	21	−0.3466	0.59159	19	0.1913	0.45099	10.285	0.003**
	SKTB（℃）	21	−0.2744	0.51233	19	0.3356	0.67479	10.487	0.002**
	ECG	21	−0.0002	0.00107	19	0	0.00127	0.169	0.684
	Heart Rate（BPM）	20	4.4958	6.91174	15	−1.0205	3.13496	8.235	0.007**
	PPG	21	−0.0008	0.00214	15	0.0024	0.01397	1.09	0.304
Monkey Clip	SKTA（℃）	21	−0.2583	0.81607	19	0.1669	0.51228	3.798	0.059+
	SKTB（℃）	21	−0.3241	0.64929	19	0.0977	0.44692	5.605	0.023*
	ECG	21	−0.0003	0.0012	19	0.0001	0.00075	1.062	0.309
	Heart Rate（BPM）	19	0.7094	7.72006	16	0.1846	3.08082	0.065	0.8
	PPG	21	−0.0003	0.00149	15	0.0016	0.00619	1.977	0.169

图 5-5 中（a）的材料是VR 版毛克利遇到蟒蛇的片段。数据的前六个点为基线：以 10 秒为单位，基线总计 60 秒。第七个点为视频播放起始点：影片片段时长为 86 秒，以 10 秒为单位，共取 9 个点。图 5-5 中（b）的材料是 VR 版毛克利遇到大猩猩的片段。数据的前六个点为基线：以 10 秒为单位，基线总计 60 秒。第七个点为视频播放起始点：影片片段时长为 60 秒，以 10

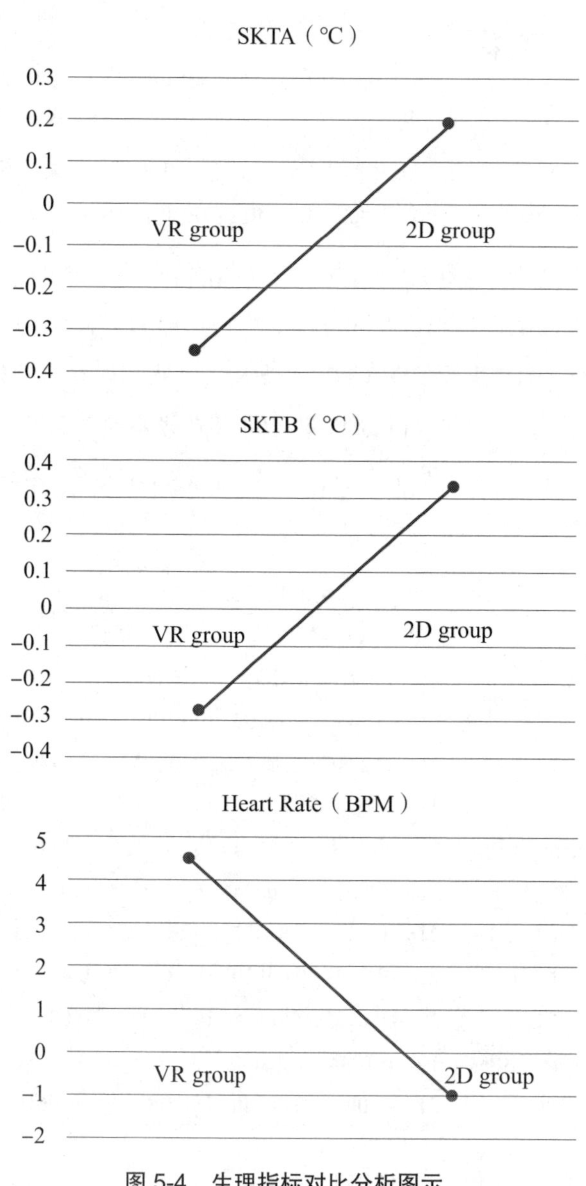

图 5-4　生理指标对比分析图示

秒为单位，共取 6 个点。在观看电影之前和期间的手指SKT 的分析表明在VR条件下比在 2D 条件下有更快和更稳定的变化（Fig.4）. Fig.4 显示平均手指温度在VR 剪辑开始后迅速下降。随着电影的播放，这一下降趋势保持稳定。在 2D 条件下，手指温度的变化没有表现出这些特征，它缓慢而不稳定。

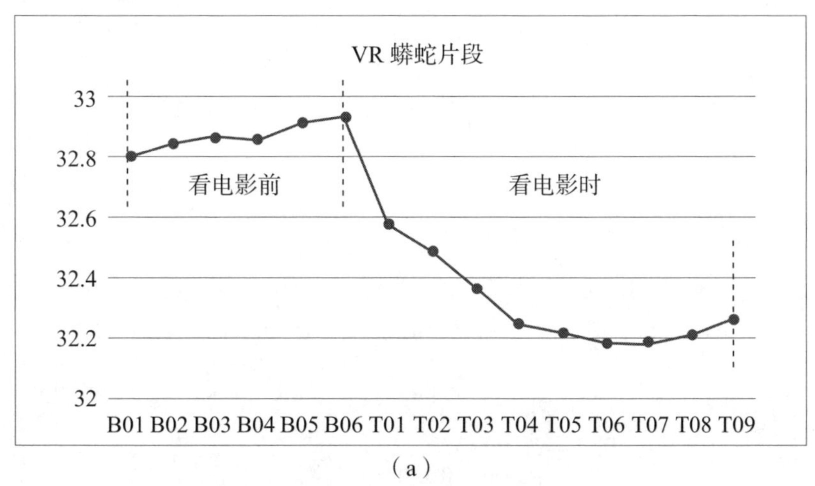

（a）

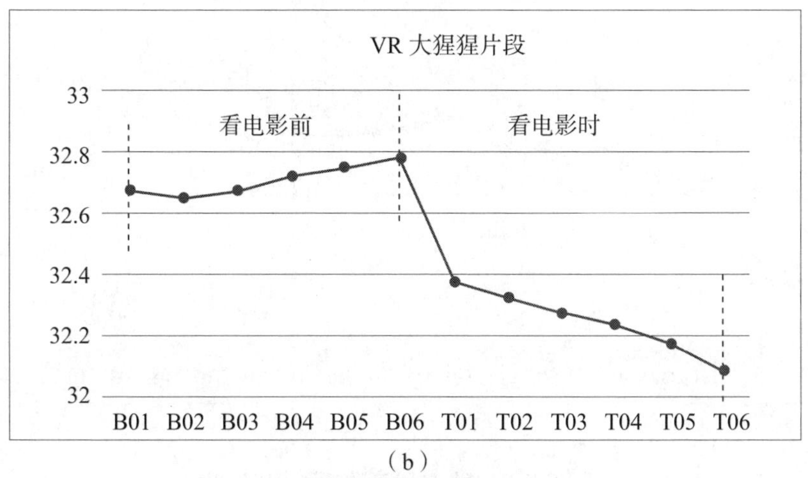

（b）

图 5-5　VR 影像体验者的指温变化结果

图 5-6 中（a）的材料是 2D 版毛克利遇到蟒蛇的片段。数据的前六个点为基线：以 10 秒为单位，基线总计 60 秒。第七个点为视频播放起始点：影片片段时长为 120 秒，以 10 秒为单位，共取 12 个点。图 5-6 中（b）的材料是 2D 版毛克利遇到大猩猩的片段。数据的前六个点为基线：以 10 秒为单位，

基线总计 60 秒。第七个点为视频播放起始点：影片片段时长为 99 秒，以 10 秒为单位，共取 10 个点。

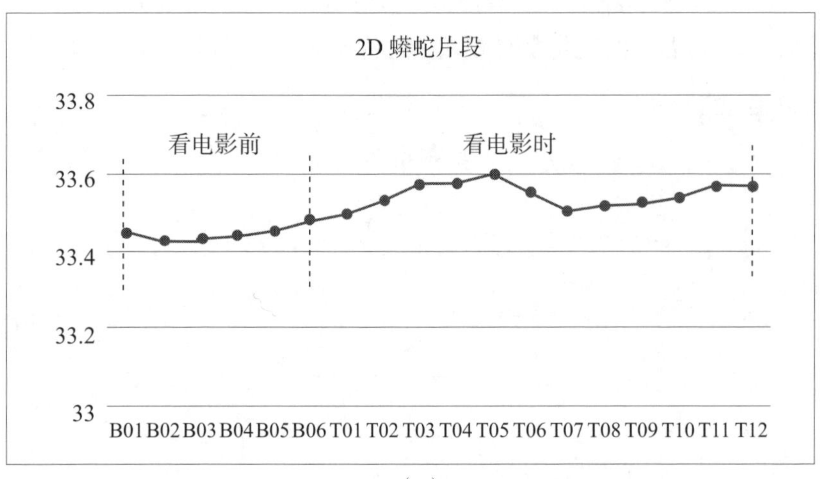

（a）

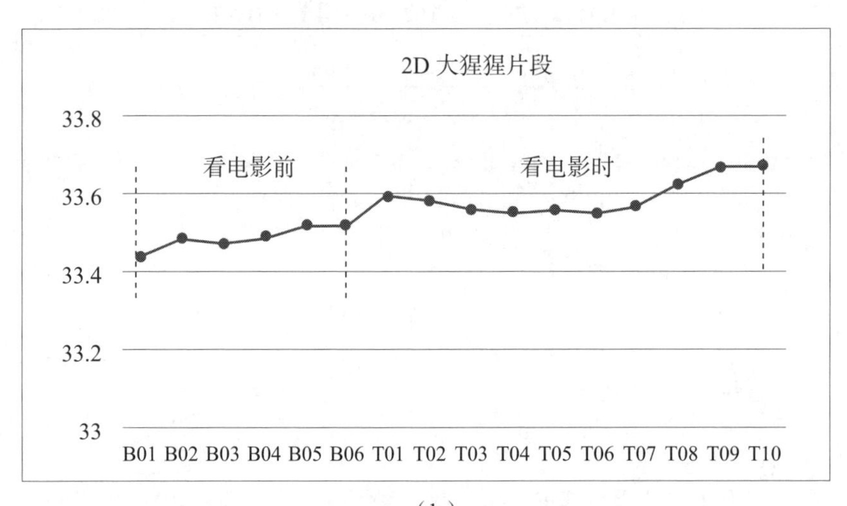

（b）

图 5-6 2D 影像体验者的指温变化结果

四、讨论与分析

基于对以上生理数据的分析，我们发现VR 版电影与 2D 版电影主要存在以下两个方面的差异。

第一，生理变化的速度存在差异。VR 版电影引起的生理反应是快速的。

在VR 场景中，不管是蟒蛇片段还是大猩猩片段，观影者的食指指温从影片开始的第 1 个记录点（10 秒内）就出现了明显的变化，而且在整个观影过程中变化幅度均较大。2D 版电影引起的生理反应较为缓慢。观看相同情节的 2D 版电影片段时，观影者的食指指温变化幅度较为缓慢，且变化幅度较小。在 2D 版蟒蛇片段中，观影者在电影开始后的第 6 个记录点（60 秒左右）才出现较大的变化。而在 2D 版大猩猩片段中，观影者在电影快结束时（80 秒左右）才出现较大的变化。

第二，生理变化趋势的差异。VR 版电影的观影者食指指温表现出较为一致的变化趋势。在VR 版蟒蛇片段和VR 版大猩猩片段中，观影者的食指指温从电影一开始就表现出下降趋势，在电影结束时达到最低值，两个片段均表现出相同的变化趋势。在相同情节的 2D 版电影中，观影者的食指指温总体来说未表现出明显变化。观看 2D 版蟒蛇片段时，观影者的指温总体变化幅度较小，在电影开始后指温有一点缓慢的升高，在电影开始 60 秒左右表现出一点下降的趋势，之后指温又小幅升高。观看 2D 版大猩猩片段时，观影者的指温也未出现明显变化，指温较为稳定，在电影的最后阶段（30 秒左右）出现小幅度的升高。

第四节　VR 影像的情绪效应综合分析

通过对比分析VR 影像与 2D 影像，研究发现不仅在观影的主观体验方面存在独特的情感体验，同时在生理变化上也发现了一些变化特点。为什么同样情节的VR 影像与 2D 影像的观影体验会表现出这么大的差异？下面将从 VR 技术特点与情感体验的关系，以及理论背景几个方面进行探讨。

一、VR 技术特点与情感体验

VR 技术是一种综合计算机图形、多媒体、传感器等多种技术发展起来的新兴技术，它利用计算机创设出一个模拟情景，使用户与该环境进行交互。

VR 技术本身具备的几个特点与观影者独特的情感体验是密切相关的。

首先，在场感是其中一个关键因素。VR 技术利用计算机创设出一个虚拟情景，让体验者产生身临其境的感觉，即在场感。研究发现在场感与用户的主观体验有关，而且在场感的强弱与生理反应也是直接相关的。

其次，360 度全景使得观影视角有了可选择性。这与传统银幕电影有着非常大的差别，即使是最好影院的宽银幕也很难实现全景视角，多视角让观众在观影过程中有了选择性，从而激发他们的主动参与感。

最后，VR 影像创作中的观影者视角也有着重要影响。在传统银幕电影中，观影者通常从第三视角观看影片，是以一个旁观者去了解一个故事，电影情节的设计与观影者通常无交流和互动。但是在VR 影像中，观影者通常从第一视角来观看影片，这使得观影者产生与影片互动的体验感。例如在VR 版《奇幻森林》中，观影者是作为片中小男孩角色参与到影片中的，与蟒蛇和大猩猩之间的对话以及行为的对象是观影者本身，从而让观影者产生较为真实且强烈的观影体验和生理变化。

二、理论思考

从传播心理学理论的角度，我们来分析和理解这种新兴媒体的媒介效果。

首先，使用和满足理论（Use and Gratifications Approach）认为媒介效果的研究从早期的传播者视角转移到受众视角，使得我们能更好地理解受众对于新媒体的使用动机和感受[①]。从受众动机角度出发的原创媒体内容（User-Generated Media，UGM）研究发现，人们在使用传统媒体时，多是通过接触特定的媒介内容来获得相应需求的满足，而在UGM 时代，用户具备了自主创造与传播媒介信息的权利[②]。这一观点对我们理解VR 影像有着较好的启示作用，虽然目前的VR 影像还无法让用户真正自主创造内容，但是与传统银幕电影相比，身临其境的感觉以及观影视角的选择性让用户与新媒介内容有了更

---

① RUGGIERO T E. Uses and gratifications theory in the 21st century［J］. Mass communication & society，2000，3（1）：3-37.

② SHAO G S. Understanding the appeal of user-generated media：a uses and gratification perspective［J］. Internet research，2009（1）：7-25.

多的情感交互，乃至内容交互。这也是同等情节和场景的VR 影像能够产生更强情绪体验的重要原因之一。

其次，根据Izard 的情绪理论，生理唤醒是情绪的一种重要成分，不同情绪、情感的生理反应模式是不一样的，如满意、愉快时心跳节律正常；恐惧或暴怒时，心跳加速、血压升高、呼吸频率增加甚至出现间歇或停顿；痛苦时血管容积缩小；等等。有研究者总结了 134 项生理心理学研究发现，较低的指温通常与恐惧、悲伤和愤怒等消极情绪有关。在《奇幻森林》电影所选的两个场景中，一个场景发生在黑暗寂静的丛林深处，蟒蛇迷惑并攻击小男孩毛克利；另一个场景发生在挤满猴子的山洞中，大猩猩对小男孩威逼利诱。VR 版和 2D 版的电影情节是一样的，场景也是一样的，我们预期VR 版和 2D 版场景均能诱发出消极情绪体验，会引起较低的指温变化，结果却发现只有在VR 条件下才出现这种变化，在 2D 条件下的生理变化不明显。由此可见，基于本研究材料，同样情节的VR 版电影比 2D 版电影有着更好的情绪诱发效果，指温等外周生理变化在反映VR 影像情绪效应方面较为敏感和稳定。

三、对VR 影像创作的启示

本研究基于以上客观数据，从观影的主观体验和生理变化两个角度揭示了VR 影像的一些独特性，也从VR 技术特点和理论的角度对以上结果进行了深入分析。本研究发现VR 影像能产生更强且快速的情感诱发效果，同样情节的 2D 电影在情感体验强度和变化速度上均不及VR 影像，这说明了一个非常重要的问题：在传统银幕电影的创作中，情节和节奏是让观众产生情感体验和变化的关键因素，而在VR 影像中可能有着更重要的因素，如虚拟场景和交互模式，因此创设一个与电影主题密切相关的虚拟场景，使得观影者能够迅速进入场景中，在VR 影像创作中尤为重要。此外，交互模式的设计，例如如何引导观影者转换视角、与观影者的视线交流，以及对观影者本身角色的设计，这些因素在VR 影像创作中也很重要。从无声电影到有声电影，从黑白电影到彩色电影，从 2D 到 3D，再到 4D 及VR 影像，每次电影技术的革新都为电影的创作手法开辟出新的疆域，给观众带来全新的观影体验，但也对电影原有的视听语法、拍摄手段和制作工序提出新的挑战。基于客观数据对电影受众情感体验的分析，有助于更好地分析和理解电影创作特点。新兴的VR影像未来有着很多未知的挑战和机遇，我们只有扎根于体系化的传统电影，从不同的专业学科出发来研究这一新兴交互式媒介，才能克服困难应对挑战。

第六章　VR影像的用户认知加工研究

第一节　认知心理学概述

一、认知心理的基本构成

认知心理学出现在20世纪初，在50年代以后得到迅速发展。美国心理学家奈塞尔在《认知心理学》一书中指出，认知是指从感觉输入到转换、简约、加工、储存、提取和使用的全部过程。认知心理学涉及对内部心理过程的研究，即大脑内部发生的所有事情，包括感知、思考、记忆、注意力、语言、解决问题和学习等。近年来，认知心理学与神经科学的结合产生了认知神经科学，主要研究认知功能的脑机制、认知与神经系统活动的关系、脑发育与认知功能发展等[①]。

二、代表性认知心理学理论

（一）信息加工理论

20世纪六七十年代，信息加工理论在认知心理学领域备受重视，至今都有深远的影响。信息加工理论的核心思想是，认知可以视为信息，看见的、听到的、阅读和思考的内容，大脑对这些信息进行加工处理。信息加工理论认为认知加工有三个基本组成部分：（1）约束或结构部分，类似于计算机的硬件，它定义了在特定阶段如感觉存储、短期记忆、长期记忆等处理信息的

① 彭聃龄. 普通心理学（修订版）[M]. 2版. 北京：北京师范大学出版社，2001.

参数；（2）控制或策略组合，类似于计算机系统的软件，它描述了各个阶段的操作；（3）执行过程，通过该过程监督和监测学习者的活动。每一个阶段都根据它所掌握的信息进行操作。通常，每个阶段的操作以某种方式转换信息，使得每个阶段的输出代表转换后的信息，并且该转换后的信息是后续阶段的输入①。

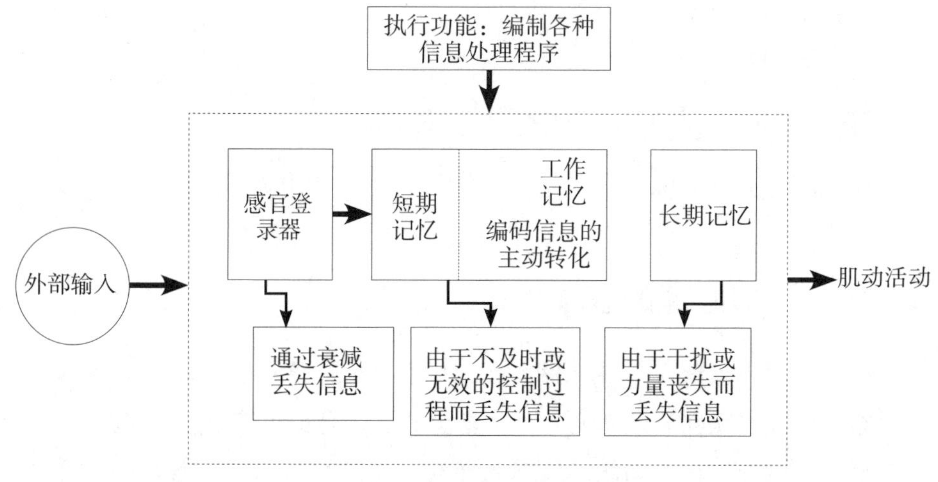

图 6-1　信息加工的简化模型

（二）注意认知理论

持选择性注意观点的研究者认为人的信息加工系统的容量是有限的，因此，人对外来信息的加工必须经过过滤或衰减装置进行调节，该领域的代表性理论有过滤器理论（Filter theory）和衰减理论（Attenuation theory）。1958年，心理学家Broadbent 根据双耳分听的一系列实验结果，提出了注意的选择性理论，即过滤器理论。他认为神经系统在加工信息的容量方面是有限度的，不可能对所有的感觉刺激进行加工。当信息通过各种感觉通道进入神经系统时，要先经过一个过滤机制。只有一部分信息可以通过这个机制，并接受进一步的加工；而其他信息被阻断在它的外面②。1964 年，Treisman 提出了注意

① SWANSON H L. Information processing theory and learning disabilities：an overview［J］. Journal of learning disabilities，1987，20（1）：3-7.

② BROADBENT D E. Perception and communication［M］. New York：Pergamon Press，1958.

的衰减理论，认为当信息通过过滤装置时，不被注意或非追随的信息只是在强度上减弱了，而不是完全消失。而且，不同刺激的激活阈限是不同的，有些刺激对人有着重要意义，如名字，它们的激活阈限低容易被激活[①]。

但也有研究者认为注意的功能不在于选择性，例如，认知资源理论认为注意的内在机制在于协调不同的认知任务或认知活动，双加工理论认为人类的认知加工有两类：自动化加工和意识控制加工。自动化加工不受认知资源限制，不需要注意；意识控制加工则受认知资源的限制，需要注意的参与。

（三）记忆理论

在过去的两个世纪里，对记忆的研究以及对一般认知的研究，一直是三个学科的核心：首先是哲学，然后是心理学，现在是生物学[②]。记忆作为一种基本的认知过程，在个体的心理发展中起着重要的作用。记忆联结着人们心理活动的过去和现在，是人们学习、工作和生活的基本技能。根据现代信息加工的观点，记忆是一个结构性的信息加工系统，由三个子系统构成：感觉记忆、短时记忆和长时记忆。感觉记忆接收外界的信息，短时记忆对其进行选择性编码并将它输入长时记忆，而长时记忆信息可在需要的时候被提取到短时记忆中[③]。各种记忆系统可以根据它们处理的不同种类的信息和它们操作的原理来区分。

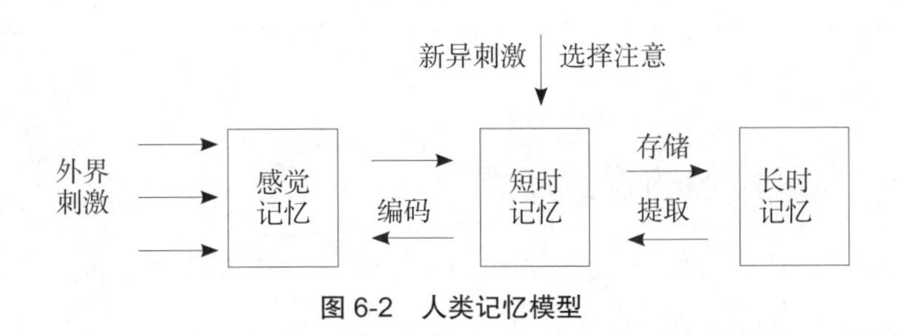

图 6-2　人类记忆模型

① TREISMAN A M. Selective attention in man［J］. British medical bulletin，1964，20（1）：12-16.

② SQUIRE L R. Memory systems of the brain：a brief history and current perspective［J］. Neurobiology of learning and memory，2004，82（3）：171-177.

③ 彭聃龄. 普通心理学（修订版）［M］. 2 版. 北京：北京师范大学出版社，2001.

Tulving 提出一个记忆的三元分类模型，认为记忆由许多相互关联的系统、由神经底层及其行为和认知关联组成的组织结构组成[①]。其中，程序性记忆、语义记忆和情景记忆构成了一个单一层次结构。程序性记忆储存了与动作或者一系列动作有关的信息，程序性记忆系统涉及知识的隐性获取、储存和使用，这个系统是各种感知、运动和认知技能的基础。程序性记忆在个体发育中进化得最早，基底神经节可能是其神经基础。陈述性记忆是日常语言中使用“记忆”这一术语时所指的那种记忆。它是指对事实和事件进行有意识回忆的能力，是一种在健忘症中受损的记忆，依赖于内侧颞叶和中线间脑的结构。陈述性记忆是表征性的。它提供了一种对外部世界建模的方式，作为世界的模型，它要么是真的，要么是假的。陈述性记忆可以分为语义记忆（关于世界的事实）和情景记忆（在事件最初发生的环境中重新体验事件的能力）。在陈述性记忆的情况下，一个重要的原则是检测和编码单个事件独特之处的能力，根据定义，单个事件发生在特定的时间和地点。就非陈述性记忆而言，一个重要的原则是从一系列独立的事件中逐渐提取共同要素的能力[②]。

第二节 VR 影像的注意效应研究

一、VR 影像的视觉注意

视觉注意领域已经研究了很长时间，但VR 环境中的全视角视觉注意领域是新兴的研究课题。全方位视觉内容是表示图形和电影媒体内容的一种形式，它使主体能够自由地改变其视角。随着虚拟现实的发展，全视角成像正在成

① TULVING E. How many memory systems are there? [J] . American psychologist，1985，40（4）：385.

② TULVING E. Elements of episodic memory [M] . Oxford：Oxford University Press，1983.

为现代媒体内容的一种非常重要的类型①。为全视角视觉注意开发新的模型和新的方法对于理解和预测VR 环境中的注意力非常重要②。

虚拟环境中引导用户注意力的线索分类可依据三个标准。第一，通过线索的外显程度将引导用户注意力的线索分为两类，一类是通过明确传达既定的事件或对象来引导用户注意力的线索，即外显线索；另一类是隐性地将用户的注意力引向虚拟环境中元素的线索，即隐性线索。隐性线索主要取决于自下而上的显著性，而外显线索很可能引起自上而下的注意力转移。第二，借鉴电影理论，根据来源于价值的因果线索（认知线索）和来源于这个世界之外的线索（非认知线索）。认知线索对于虚拟环境中的其他角色来说是可感知的，因为它们处于能够感知线索的位置，而非认知线索仅对于用户来说是可感知的。第三，根据提示是否限制了用户在虚拟环境中的交互能力来区分，

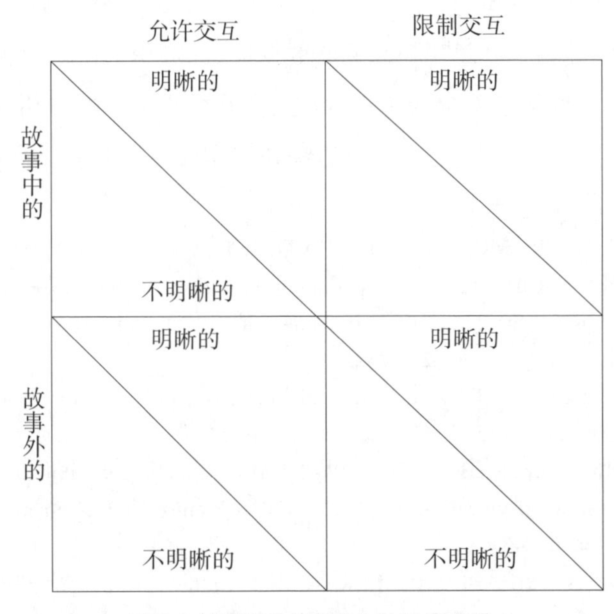

图 6-3 引导用户注意力的线索分类

① UPENIK E，ŘEŘÁBEK M，EBRAHIMI T. Testbed for subjective evaluation of omnidirectional visual content［C］//2016 Picture Coding Symposium（PCS）. IEEE，2016：1-5.

② UPENIK E，ŘEŘÁBEK M，EBRAHIMI T. On the performance of objective metrics for omnidirectional visual content［C］//2017 9th international conference on Quality of Multimedia Experience（QoMEX）. IEEE，2017：1-6.

这种限制是通过阻止用户执行某些动作，或通过控制用户在虚拟环境中的动作来实现的。约束可以提供一种强大的方式来引导用户的注意力，类似于传统电影制作人通过使用电影摄影、剪辑和编辑来控制观众所看到的内容[①]。

VR 视觉注意理论中，较具影响力的是Bogdanova 等提出的动态视觉注意力的计算模型，该模型结合了静态特征（强度、色度和球面方向）和运动特征[②]。在VR 视觉注意分析的方法领域，研究者也进行了一些大胆的尝试。例如，Upenik 等提供了一个适用于全方位视觉内容的主观评估的测试平台，以可靠的方式评估全方位图像的质量[③]。他们进一步开发了一种方法，用于处理全方位视觉内容中的原始实验头部方向轨迹，以获得视觉注意力图。在这项研究中，他们使用了三种基本方法，包括计算的头部角速度、不同受试者的固定位置和基于高斯的过滤[④]。为分析观看 360 度视频的用户的行为，一些研究还产生了行为数据集。例如，Corbillon 等通过收集 59 位用户在Razer OSVR HDK2 HMD 上观看 5 段 70 秒长 360 度视频来构建数据集[⑤]。当用户使用内容时，Ozcinar 等为全视角视频创建了一个新的视觉注意用户数据集，并分析了最先进的视觉注意模型的预测性能[⑥]。还有一种方法是扫描路径分析。在最近的一项研究

---

① NIELSEN L T，MØLLER M B，HARTMEYER S D，et al. Missing the point：an exploration of how to guide users'attention during cinematic virtual reality［C］// Proceedings of the 22nd ACM conference on virtual reality software and technology. Munich：ACM，2016：229-232.

② BOGDANOVA I，BUR A，HÜGLI H，et al. Dynamic visual attention on the sphere［J］. Computer vision and image understanding，2010，114（1）：100-110.

③ UPENIK E，ŘEŘÁBEK M，EBRAHIMI T. Testbed for subjective evaluation of omnidirectional visual content［C］//2016 Picture Coding Symposium（PCS）. IEEE，2016：1-5.

④ UPENIK E，ŘEŘÁBEK M，EBRAHIMI T. On the performance of objective metrics for omnidirectional visual content［C］//2017 9th international conference on Quality of Multimedia Experience（QoMEX）. IEEE，2017：1-6.

⑤ CORBILLON X，SIMON G，DEVLIC A，et al. Viewport-adaptive navigable 360-degree video delivery［C］//2017 IEEE international conference on communications（ICC）. IEEE，2017：1-7.

⑥ OZCINAR C，SMOLIC A. Visual attention in omnidirectional video for virtual reality applications［C］//2018 10th international conference on Quality of Multimedia Experience（QoMEX）. IEEE，2018：1-6.

中，Knorr 等引入了一个新的度量标准，用于测量与可视化参与者的扫描路径和导演剪辑之间的视口重叠。该研究分析了最终用户如何在存在方向线索的情况下观看 360 度视频，并评估他们是否能够追随 360 度视频的实际故事[①]。

但总的来说，到目前为止，无论从理论还是方法，我们对VR 环境中人们如何反应和处理丰富信息的了解仍是非常有限的。采用跨学科的视角和方法对这一问题进行探讨是非常有必要的。

二、VR 影像的视觉注意研究：眼动分析

（一）关键剧情点的视觉注意

眼动追踪设备具有广泛的潜力，能够在实验期间跟踪眼睛运动并定义凝视行为，如神经营销、情绪监控、阅读、人类活动识别、广告感知、访问网站、人机交互、驾驶辅助系统、运动认知等。最重要的是，眼睛运动和头部在处理环境时对结果有很大影响。VR 影像与其他VR 体验内容相比，具有很强的叙事性，叙事信息的有效传达是VR 影像创作的一个客观评价标准，眼动追踪技术可为分析用户是否注意到或遗漏关键叙事信息进行客观测量。在VR 版《奇幻森林》这部

图 6-4　关键剧情点的眼动轨迹 1

① KNORR S，OZCINAR C，FEARGHAIL C O，et al. Director's cut：a combined dataset for visual attention analysis in cinematic VR content［C］//Proceedings of the 15th ACM SIGGRAPH European Conference on Visual Media Production. London：ACM，2018：1-10.

图 6-5　关键剧情点的眼动轨迹 2

短片中，蟒蛇的出现是该短片的关键剧情点，用户在阴暗的森林中是否能及时注意到这一角色的出现，对用户体验有着重要影响。从眼动轨迹图可以分析出，蟒蛇的出现并未引起所有人的注意，即使影片中用了特定的视觉元素和声音引导，但蟒蛇藏于大树中具有一定隐秘性，使得这一角色无法被用户第一时间注意到。

（二）视觉引导的有效性

由于 360 度空间带来的信息表征的多方位特性，全景影像内容的创作应充分重视视觉引导的基本规律和原则。在这些基本原则中，最有效的视觉引导方法主要包括运动引导、光线引导、角色视线引导、色彩对比和视野限制等。360 度影像的视觉引导设计是否有效，可通过眼动追踪技术对视觉引导的有效性进行检测。《入侵！》这部VR 影片采用了多种方法引导用户的视觉注意，如飞船出现时小兔子的视线引导，以及天空出现亮光；老鹰出现时的声音引导；外星人从冰窟窿里出来时的声音引导；等等。这些手段的运用都有效引导了用户的视觉注意，从而让场景剧情顺利过渡。

三、VR 影像的视觉注意研究：视频分析

在VR 影像作品中，创作者的叙事视角与用户的体验视角是否一致，是叙事有效性的一个衡量标准。采用视频分析方法，对比分析导演视角与观众视角之间的差异，可以对这一问题进行客观分析。研究采用两个编辑过的VR 版本：蟒蛇片段与大猩猩片段。在蟒蛇VR 片段中，剧情内容是蟒蛇出现、与体

图6-6 《入侵!》中飞船出现时的视觉引导

图6-7 《入侵!》中老鹰出现时的视觉引导

图6-8 《入侵!》中外星人钻出冰窟窿时的视觉引导

验者交谈，接近并试图吃掉体验者。通对该影片内容的分析，剪辑出影片的 9 个关键剧情场景和 6 个支线场景。在大猩猩VR 片段中，剧情内容是猩猩路易王与体验者交谈并威胁体验者。根据内容分析，剪辑出 7 个关键剧情场景和 8 个支线场景。用户分别体验两支VR 短片，对其观看内容进行录屏，可以记录用户所观看的内容和场景。通过对比分析导演视角和用户视角，可以了解用户是否注意到了导演设计的关键剧情信息。

对于每个场景，我们计算观看特定场景的观众的具体数量。因为VR 组中共有 21 个参与者，所以我们进一步计算了每个场景的总数的特定数量的比率（比率= 数量/21）。然后，基于该比率计算不同条件下的平均比率（大猩猩VR 剪辑，蟒蛇VR 剪辑，所有剪辑）。在观看大猩猩VR 剪辑期间，只有 40.14% 的参与者跟随主线，29.17% 的参与者观看了支线。对于蟒蛇VR 剪辑，近 50.79% 的参与者遵循主线，38.89% 的参与者查看了支线。主线的平均百分比为 46.13%，所有剪辑的平均百分比为 33.33%。主线的百分比较低（40.14% 和 50.79%）表明导演视角与观众视角在VR 中存在很大差异。

研究进一步分析了不同条件下主线和支线的百分比之间的差异（大猩猩VR，蟒蛇VR，所有VR）。对于大猩猩VR，方差分析的结果显示主线的百分比和支线的百分比之间没有显著差异［$F(1, 13)=2.372$，$p=0.148$］。对于蟒蛇VR，方差分析的结果也表明，主线的百分比与支线的百分比之间没有显著差异［$F(1, 13)=1.796$，$p=0.203$］。对于所有VR，我们发现主线的百分比与支线的百分比之间存在显著差异［$F(1, 28)=4.944$，$p=0.034$］。这意味着从导演的角度来看，主要的故事情节显著地引导了观众的注意力。

第三节　VR 影像的记忆效应研究

一、研究设计

基于认知心理学理论，当人们面对两个不同的对象并被要求同时识别两种不同的属性时（如一个人的肤色和另一个人的方向），他们的表现比任务仅面对单个对象的表现较差，这意味着人难以同时有意识地关注我们所有的感官输入。了解VR 影像的特性及其对用户的影响，我们需要分析用户在VR 环境中看到了什么以及他们错过了什么。此外，有必要探索用户如何处理这些动态和全方位的视觉信息。VR 影像是一种全视角媒体，它为用户提供了自由改变其视角的能力①。在视角有限的情况下，同一个时间点内，用户无法同时观看到全景影像中所有视角中的场景及内容。那么，全方位视觉选择如何影响人们的影像感知？以及，什么样的VR 场景设计会促进人们的影像感知？

为研究VR 影像对用户认知处理的影响及其传递预期视觉信息的准确性方面的有效性，通过对比分析VR 影像与 2D 影像的信息传输效率，我们开展了一项VR 影像的记忆实验。

二、研究方法

本实验在北京市高校随机招募被试。为了保证被试在实验过程中不刻意记录叙事情节点，将以前参加过类似实验的被试排除。实验组被试共 32 人，

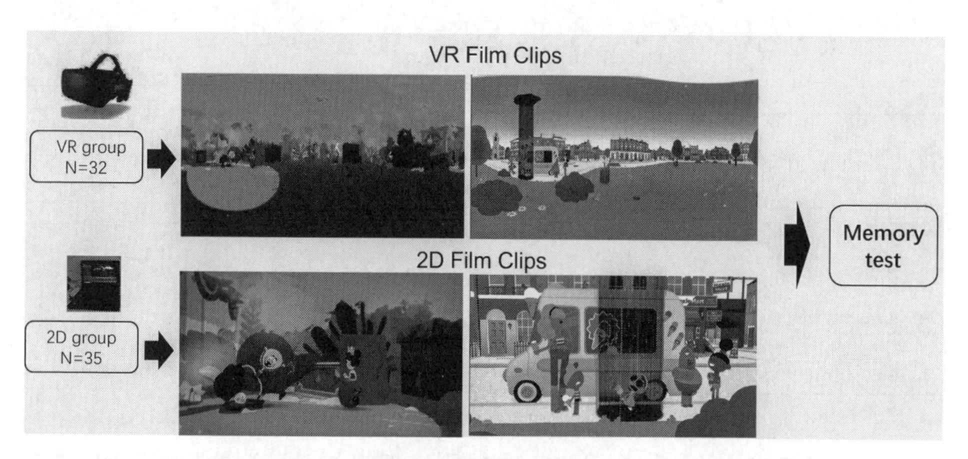

图 6-9　实验流程图

① UPENIK E，ŘEŘÁBEK M，EBRAHIMI T. Testbed for subjective evaluation of omnidirectional visual content［C］//2016 Picture Coding Symposium（PCS）. IEEE，2016：1-5.

其中男性9名，女性23名。实验对照组共招募被试35人，实际参与实验35人，其中男性9名，女性26名。

三、研究结果与分析

将《雨或晴》与《回到月球》的细节记忆、主线剧情理解与记忆、支线剧情理解与记忆进行分组。研究发现，对于短片《回到月球》，分析显示VR条件下的记忆性能明显差于2D条件下的表现。对于短片《雨或晴》，VR条件下主线的记忆成绩显著低于2D条件下的记忆成绩。对比实验组与对照组就细节记忆、主线剧情理解与记忆、支线剧情理解与记忆，可知对照组的平均正确率高于实验组。即观众对于常规电影的剧情理解与记忆优于VR影像。其中，观众对常规电影中的细节、主线剧情及支线剧情的理解与记忆程度均好于VR影像。

在《回到月球》的记忆测验中，主线剧情理解与记忆结果分析表明，VR版正确率为62%，2D版正确率为70%；支线剧情理解与记忆结果分析表明，VR版正确率为51%，2D版正确率为53%。由分析数据可知，在VR版电影中，观众对于出现在主线剧情中的运动物体及运动方向的关注度更高；在常规电影中，观众对背景物体及环境的关注度更高。

表6-1 《回到月球》记忆的组间差异分析

	VR group		2D group		One-way ANOVA	
	Mean	SD	Mean	SD	F	Sig.
剧情记忆	1.375	0.60907	4.4	1.35473	134.54	.000**
主线记忆	0.1563	0.3689	5.8	0.93305	1023.37	.000**
支线记忆	1.5	0.91581	2.9143	0.9509	38.3	.000**
总体记忆	3.0313	1.1496	13.1143	1.95194	647.87	.000**

在《雨或晴》的记忆测验中，主线剧情理解与记忆结果分析表明，VR版正确率为68%，2D版正确率为69%；支线剧情理解与记忆结果分析表明，VR版正确率为63%，2D版正确率为72%。

表 6-2 《雨或晴》记忆的组间差异分析

	VR group		2D group		One-way ANOVA	
	Mean	SD	Mean	SD	F	Sig.
剧情记忆	6.8438	1.19432	6.9714	0.95442	0.24	.629
主线记忆	3.4063	0.97912	4.3429	1.28207	11.13	.001**
支线记忆	4.875	1.23784	5.0286	1.07062	0.3	.588
总体记忆	15.1251	2.62433	16.3429	2.43676	3.88	.053

两部影片的VR 版与 2D 版在记忆效果方面的差异显著，差异可能来自多个因素。《雨或晴》的剧情相对简单，大多数VR 场景都是静态和简单的，节奏适中。《回到月球》的剧情相对复杂，主要场景与背景之间的光影对比较大，VR 场景丰富，且节奏很快，动态因素较多，信息较为丰富。对VR 场景的分析显示只有一半参与者遵循主要故事情节，许多被试关注支线或背景。这意味着被试并不总是关注电影的故事，会被其他一些刺激所吸引。

本实验总体分析表明，无论是对主线的剧情理解还是支线的细节记忆，VR 影像的正确率都不及常规电影，即从创作者的编码到观众的解码过程中，VR 造成了信息的传播损失，对电影的叙事目的产生了干扰。以往研究发现，与 2D 电影相比，观众对微妙品牌展示位置的记忆更受 3D 或 4D 的负面影响。根据蒙太奇理论和知觉完整性理论，人们会在电影故事的基础上对整个场景进行心理处理。因此，VR 条件下的误差判断率高于 2D 条件下的误差判断率。这意味着新技术的应用并不总是能够产生预期的效果。本实验进一步说明了在VR 这种媒介形态中，创作者的意图文本被形式本身消解。由于VR 尚未形成成熟的视听语法，创作者从常规电影的习得经验是近乎无效的，无法从创作者的角度直接进行本体分析，更证明本研究选取观众的角度进行基于剧情理解与记忆程度的VR 影像叙事研究的研究方法是可行的。

本研究的分析和结论基于特定电影类型，需要使用其他类型进行进一步的研究。由于VR 影像与银幕 2D 电影存在巨大差异，这两种媒介效果的比较存在一定风险。鉴于VR 在电影制作或其他领域的应用，这种新的数字技术对人类认知和情感的影响需要更多的研究关注。许多悬而未决的问题仍然存在于这一领域，有待更加深入地探讨。

第四节 VR影像节奏的叙事效果研究

一、研究设计

从叙事学的角度来说，时间叙事的核心就是节奏。叙事本质上就是一种时间艺术，包含被讲述的事情的时间和总体叙事的时间，电影艺术把叙事和时间紧密结合在一起，你中有我，我中有你，将事情发展的时间脉络重新编排成新的叙事时间结构，来传达电影的主题与情感。法国电影叙事学家弗朗索瓦·若斯特（Francois Jost）认为，叙事就是故事由一个事件转变成另一个事件，这种转变具有时间性，时间性对于电影非常重要。时间的加工是电影叙事创作重要的艺术手段[①]，利用时间的积累效应凸显故事所要表达的主题，形成各种戏剧冲突，产生强烈的戏剧节奏，持续吸引观众注意。

从节奏的目的来说，节奏就是为了吸引观众对画面内容的注意，进行电影的叙事传达。现代电影理论家克里斯蒂安·麦茨（Christian Metz）认为，电影的主体是叙事的艺术。电影就是讲故事的，利用各种镜头转换、场面调度、灯光色彩等电影语言作为叙事手段，将叙述的内容以连续性视觉图像的形式呈现给观众，其目的就是向观众传达叙事。所有的叙事语言、叙事手法都是为了向观众更有效地传达叙事信息，将观众拉入故事中。节奏作为电影创作的重要手段之一，其目的也不例外。具体来说，节奏的作用就是引起观众的注意，确保观众对画面叙事信息的整体把握，弥补信息遗漏的不足，最终都是为了有效的叙事传达。

当前，虚拟现实的特殊属性使VR影像打破了常规电影的语言体系，它改变了观众与电影之间的距离，将观众拉入叙事空间当中，更加强调空间叙事的信息传达，节奏的表现也更加依赖于空间内的运动变化。这不仅是电影叙

① 张智佗.时间在电影叙事结构中的作用［D］.西安：西安美术学院，2017.

事媒介的改变，对创作者来说，叙事意图文本被形式本身消解——这是一场新媒介电影创作思维的革新。电影节奏的目的从叙事信息的传达转变为沉浸式的空间叙事传达，节奏的表现上必须考虑空间层面与观众的关系。影像艺术叙事表达的关键接受者是观众，对影像艺术叙事效果的评估需要从观众的角度进行分析。相较于传统电影，VR 影像与观众的关系更加紧密——并非单纯的视觉呈现，而是通过传感设备，使观众获得身临其境的沉浸式体验。观众的自主观看权改变了传统电影导演主导叙事的模式——VR 影像的叙事必须通过与观众的交互来完成传递，影像节奏必须适合观众的观感体验。VR 影像的节奏对观众叙事效果的影响更为显著。优秀的VR 影像作品在内容的创作中除了需要考虑艺术性设计元素，也非常重视用户体验，基于对用户认知加工特点、情感加工特性及个体差异的充分考虑，将用户体验要素融入作品的创作中，从而达到艺术性与体验感俱佳的效果[①]。因此，用户体验是评估VR 影像作品的重要标准，也是检验VR 影像叙事效果的重要依据。

认知是人脑信息加工的过程，从观众的认知心理入手测量电影叙事效果是衡量VR 影像节奏适用性的重要标准。观众对信息的认知加工过程包括感觉、知觉、记忆、思维、想象和语言等，记忆与理解是电影观众认知的重要方式。从叙事研究层面来讲，电影艺术的叙事效果就是观众在观影结束后对电影内容所传播的叙事信息是否进行了有效的读取。这种有效读取一般表现为观众对影片的细节记忆与剧情理解。在电影范畴中，观众的记忆主要指对情节点的识别与回忆，通过画面的记忆理解情节点的叙事内容，反映了观众对具体电影情节的认知与再认知。对于情节的理解是观众观影的目的之一，也是叙事效果达成的一大表征。研究表明，观众对于叙事的理解会影响叙事传达的效果[②]。由此可见，剧情是构成电影叙事的基础元素，它涵盖了影片中的人物关系、戏剧走向、主题表达等。

VR 影像作为一种新兴数字媒介，在节奏方面呈现出一些新的特性，为

① NI D，WEN Z，FUNG A Y H. Emotional effect of cinematic VR compared with traditional 2D film［J］. Telematics and informatics，2018，35（6）：1572-1579.

② BUSSELLE R，BILANDZIC H. Measuring narrative engagement［J］. Media psychology，2009，12（4）：321-347.

探讨VR影像节奏的新特性是否影响影片的叙事，本研究从用户的视角，采用实验心理学方法，针对VR影像节奏设计中的关键点（沉浸式开场、人物出场和转场）的节奏属性进行实验处理，生成同一影片片段的VR剪辑版和VR原版，对比分析同一影片的不同节奏类型对用户的影片认知产生的不同影响。针对节奏处理点，根据VR短片内容，本实验设计了与影片有关的细节记忆题和剧情理解题，细节记忆题包含主线剧情（对故事情节发展起推动作用的情节）细节记忆与支线剧情（未对故事情节发展起推动作用的情节）细节记忆；剧情理解题分为人物关系、影片主题以及观众身份，具体考察观众对影片中的人物角色之间关系的理解、主题的理解以及观众在影片中对自身角色的身份认知。所有测验题设置为单选题，根据被试的选项与正确答案的匹配度计算正确率。

二、研究方法

65名健康的中国大学生（男8，女57）参加了实验，平均年龄为20.17岁。所有被试均被随机分配到VR剪辑组（34人）或VR原片组（31人）。两组样本在性别、VR经验、年龄等方面均无显著差异（表6-3）。所有被试视力正常或矫正视力正常。

表6-3 实验组与对照组的基本情况对比

组别	性别		VR经验		平均年龄（岁）
	女	男	无	有	
VR剪辑组（n=34）	29	5	29	3	19.69
VR原片组（n=31）	28	3	25	5	20.65
差异检验	χ^2=0.38，p>0.05		χ^2=0.733，p>0.05		F（1，59）= 1.488，p>0.05

实验材料包括两个VR影像短片片段。VR剪辑组的被试观看两段经过剪辑的VR片段，VR原片组则观看VR原版片段。在观看影片之前，均对所有被试进行虚拟现实影片观看方式的讲解及1分钟的虚拟空间体验。

第一个VR影像短片是Spotlight Stories出品的《回到月球》，该片为纪念法国先锋魔术师兼电影导演乔治·梅里爱（Georges Méliès），实验片段部分讲述了魔术师施展魔术，变出乐手并给自己换装，对纸牌公主求爱的情节。影片中的故事情节发生在两个场景中，由舞台场景转为海底世界的场景。通过对前期数据和影片内容的综合分析，发现《回到月球》VR 影像在一些关键时间点上的节奏设计过快，是影响观众理解影片的重要因素之一，因此在本实验中，我们对《回到月球》在沉浸式开场、人物出场和转场三个时间点的场景节奏进行重新设计。

沉浸式开场　　人物出场　　转场

图 6-10 《回到月球》VR 影像的节奏调节场景

（1）沉浸式开场：增加场景沉浸时间，在所有场景内容出现后，从原片的 5 秒增加到 12 秒。（2）人物出场：增加人物出场时间，人物出现后从原片的 5 秒增加到 8 秒。（3）转场：增加新场景出现时的沉浸时间，海水场景出现后从原片的 3 秒增加到 20 秒，让观众适应新场景。短片原时长 42 秒，剪辑后版本为 1 分 09 秒。影片的人物表演节奏不变。

表 6-4 《回到月球》VR 影像的节奏调节

节奏调节点	沉浸式开场	人物出场	转场设计	总时长
	场景沉浸时间	人物出场时间	转场时间	
VR 影像原片	5s	5s	3s	00 : 42
VR 影像剪辑版	12s	8s	20s	01 : 09

第二个VR 影像短片是迪士尼工作室出品的《奇幻森林》，该VR 影像短片剧情源自同名银幕电影《奇幻森林》，电影版获第 89 届奥斯卡金像奖最佳视觉效果奖。《奇幻森林》VR 影像短片剧情发生在一座阴暗的森林中，有一条蟒蛇从高处慢慢靠近，通过语言迷惑，企图吃掉体验者。蟒蛇是该片的关键角色，蟒蛇的出场是该片的关键剧情内容，影片设计了飞鸟作为视觉元素引导观众对关键角色出场的关注，基于前期数据和影片内容的综合分析，该

场景的衔接节奏过慢，观众容易错失关键角色蟒蛇的出场。针对这一问题，本实验对重要角色（飞鸟和蟒蛇）出场的节奏进行了调整，缩短了视觉引导线索飞鸟的出现与蟒蛇的出现之间的时间差，以增强飞鸟对蟒蛇出场的视觉引导性，影片原时长为 1 分 25 秒，剪辑后的时长为 1 分 18 秒。

图 6-11 《奇幻森林》VR 影像短片的节奏调节场景

VR 影像材料通过HTC Vive Cosmos 头戴式VR 进行播放，该头显单眼分辨率 1440×1700，刷新率 90 赫兹，视场角 110 度，立体声耳机。支持头显的笔记本电脑系统为Windows10，电脑显卡为NVIDIA GTX 970/AMD 290。

三、研究结果与分析

实验结果采用SPSS 22.0 软件进行数据的处理统计与分析，分别分析了节奏因素对用户影片记忆和剧情理解的影响。

（一）VR 节奏对用户影片记忆的影响

我们对VR 剪辑组与VR 原片组的影片记忆结果进行了分析，分别统计了不同影片片段细节记忆的正确率（ACC），采用方差分析对两组结果进行对比分析（表 6-5）。

观影后的记忆测验结果表明，VR 剪辑组的细节题正确率显著高于VR 原片组的细节题正确率［F（1，63）=7.24，$p<0.01^{**}$，$\eta^2=0.1$］。在VR 短片《回到月球》中，观影后的记忆测验共 9 道题，该影片剪辑组的细节题ACC

为 63%，原片组的细节题ACC 为 47%，采用方差分析进行统计分析，两组在细节题ACC 上的结果差异显著［F（1，63）= 8.81，p<0.01**，η^2=0.12］，即剪辑组的细节题正确率显著高于原片组的细节题正确率。在VR 短片《奇幻森林》中，观影后的记忆测验共 5 道题，结果发现在该影片的后测中，该影片剪辑组的细节题ACC 为 46%，原片组的细节题ACC 也为 46%，方差分析结果表明两组在该影片的细节题ACC 上不存在显著差异。综合总体分析和具体影片结果分析，表明节奏属性的调节有效提高了用户对于VR 影像的影片细节认知成绩。

表 6-5　剪辑组与原片组的VR 影像影片记忆结果

类别	剪辑组		原片组		方差分析		
	平均值	标准差	平均值	标准差	F	sig	η^2
《回到月球》ACC	0.63	0.2	0.47	0.24	8.81	0.004**	0.12
《奇幻森林》ACC	0.46	0.22	0.46	0.27	0.001	0.970	0.00002
总体ACC	0.74	0.18	0.6	0.23	7.24	0.009**	0.1

注：*p<0.05，**p<0.01，ACC=*accuracy* 正确率

在沉浸式开场和人物出场这两个关键节奏点方面，VR 作品《回到月球》的原版影片开场，从魔术师施法用星星点亮剧场，转身对八音盒施展魔术，到八音盒中走出伴奏师，导演仅用了 5 秒的时间来表现，全景舞台出现后直接进入叙事，节奏非常快，未留足时间让观众熟悉和适应 360 度叙事空间。该全景内容十分丰富，进入 360 度叙事空间后，用户被全景剧场吸引，尤其是剧场上方的星光，容易造成用户对人物叙事表演的遗漏。另外，该影片片段中人物角色数量相对较多，一共有 5 个角色出场，且人物形体之间具有相似性，这无疑给观众的识别增加了难度。开场的场景与人物的信息量大，信息密度大，而镜头停留的时间仅仅只有 5 秒，增加了用户对于画面内容的注意和理解的难度，从而影响了VR 影像的叙事效果。不同实验组之间的细节题正确率对比结果能很好地反映该VR 影像创作中的问题。在《回到月球》影片中，根据开场时的剧情内容，设置了剧情相关的细节题，如考察用户对三位乐手出场位置的关注，以分析开场节奏的调节是否会影响该节奏点的叙事表

达。结果显示，该VR影像的原片组正确率是54.84%，表明有一半的观众并没有记住，甚至没有看到三位乐手的出场表演，细节记忆效果不佳。在调节开场节奏之后，增加了场景的沉浸时间，将节奏变慢后，该VR影像的剪辑组正确率提升到了85.29%，即节奏调整后，大部分观众看到并记住了三位乐手的出场，表明沉浸式开场对于用户细节记忆成绩的提升是有效的。在影片开场时给予充分的沉浸时间，让用户从影片故事开始就能很好地跟上影片的主线叙事。增加场景的沉浸时间，将影片开始的沉浸节奏减慢，能够增强观众对于影片细节记忆的能力。

在转场的节奏设计方面，VR作品《回到月球》的转场部分，场景由原来的黑色的舞台环境转变成蓝色的海底世界，人物的造型也随之发生了变化，男主角由原来的魔术师造型变成了潜水员，女主角变成了人鱼公主，次要角色如摇琴师以及三位乐手也都因为环境的变化，行为发生改变，增加了一些有趣的支线剧情。对于观众来说，这又是一个全新的环境，剧情内容增加，信息量增多。《回到月球》原版中从舞台到海底世界的转场仅仅用了3秒的时间，节奏设计较快。在这部分的转场后，VR剪辑版增加了17秒的静止时间，用于观众对新场景的体验和认知。针对转场后的叙事内容，我们设计了相关细节记忆题，在转场后的细节记忆中，有的细节题剪辑前后记忆成绩差异较大，如海底世界里三位乐手在做什么？结果分析表明，原版组的正确率仅为22.58%，表明原版影片转场速度过快，大部分观众甚至没来得及看清楚场景，信息遗漏严重，叙事效果并不理想。在快速转场下，观众无暇顾及场景中的其他剧情信息，只能将更多的注意力放在男女主角的人物上，忽略了场景中其他支线情节的叙事信息，尤其是远离视线的后方位置的信息。转场节奏过快，也会影响观众对于后续剧情的跟进。该节奏点经过调整后，平均正确率提高到了55.88%。增加转场后的沉浸时间给了观众更多探索空间环境的可能，场景变化的速度降低使得影片画面的变化速度降低，观众有了更多的时间来探索空间中的其他剧情细节，观众细节记忆的效果有了很大提升，对后续剧情的跟进有了明显改善。这说明VR的转场节奏调整具有适用性。

虽然VR作品《回到月球》剪辑组与原片组具有显著差异，但对于关键情节点的节奏处理，《奇幻森林》没有呈现出显著性质。这首先是由于影片材料的局限性。《奇幻森林》影片中环境是原始森林，树林茂密，枝叶繁茂。视觉周围尽是枝丫藤落，丛林环境具有相似性。而且场景中并没有十分清晰的地标供观众参考，观众在这种相似度极高的环境很容易丧失空间定位能力与场景感知能力，无法保持空间意识，容易迷失在丛林环境中。其次，影片的视觉引导性较弱。全片只有鸟群受惊后飞离的方向作为观众的视觉引导，引导物以群体为主，且色彩并不突出，很容易被认定为环境氛围的渲染，对观众起不到任何提示作用，观众沉迷在环境中，并没有意识到鸟群的视觉引导的作用。

（二）VR 节奏对用户剧情理解的影响

观影后的影片理解测验结果表明，从总体正确率看，VR 剪辑组的影片理解正确率为 75%，VR 原片组的影片理解正确率为 77%，方差分析结果表明两组无显著差异［$F(1, 63)=0.3$，$p>0.05$］。在VR 短片《回到月球》中，观影后的理解测验共 3 道题，该影片剪辑组的理解题ACC 为 89%，原片组的理解题ACC 也为 89%，方差分析结果表明两组在理解题ACC 上无显著差异［$F(1, 63)=0.005$，$p>0.05$］。在VR 短片《奇幻森林》中，观影后的理解测验共 3 道题，该影片剪辑组的理解题ACC 为 62%，原片组的理解题ACC 为 65%，方差分析结果表明两组在理解题ACC 上无显著差异［$F(1, 63)=0.742$，$p>0.05$］。综合以上分析，不管是《回到月球》还是《奇幻森林》，剪辑组和原片组的影片理解正确率均无显著差异，表明节奏属性的调节对用户理解影片没有产生显著影响。

表 6-6　剪辑组与原片组的VR 影像剧情记忆结果

类别	剪辑组		原片组		方差分析		
	平均值	标准差	平均值	标准差	F	sig	η^2
《回到月球》ACC	0.89	0.2	0.89	0.2	0.005	0.943	0.00008
《奇幻森林》ACC	0.62	0.17	0.65	0.08	0.742	0.392	0.01
总体ACC	0.75	0.13	0.77	0.11	0.3	0.59	0.005

注：$^{*}p<0.05$，$^{**}p<0.01$，ACC=*accuracy* 正确率

在《回到月球》这部VR短片中，虽然大部分（80%）的被试认为自己是旁观者，但两组被试在自己是否为影片角色的问题上存在一定差异，原片组中没有人认为自己是影片中的角色，而在剪辑组中认为自己是影片主角的用户有2人。虽然这一差异并未达到统计显著性，但整体来说，节奏的调节使得用户角色代入感有一定提高，更加贴合虚拟现实影像的特殊属性。

在《奇幻森林》这部VR短片中，剪辑组与原片组对用户身份认知正确率均较低，剪辑组为ACC38.24%，原片组ACC为45.16%。在该片中，导演对于用户的设定是片中角色，对应常规银幕版电影中的角色小男孩毛克利，蟒蛇与毛克利（用户）交谈并慢慢靠近，以达到最终吃掉毛克利的目的。结果表明，一半以上的用户并未理解创作者对影片角色的设定。对选项的进一步分析发现，两组人在具体的选择角色类型上有微妙的变化。在VR影片《奇幻森林》中，原片组中有6人认为自己在影片中是旁观者身份，而剪辑组中仅有1人认为自己在影片中是旁观者身份，这一结果表明用户对自己的角色代入感有一定提高。尤其是人物关系和故事主题两类题目的正确率都达到了80%以上。出现这一结果的原因与材料的局限性有很大关系。VR影像大多是单一的故事线，情节相对较为简单，并没有很强烈的戏剧冲突，剧情细节的遗漏并不会对剧情理解产生影响，所以不排除在具有强烈冲突的故事剧情中，关键情节点的细节遗漏对剧情理解的影响。

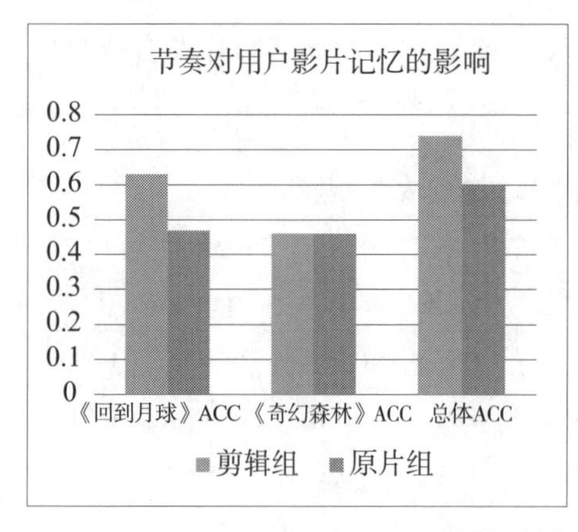

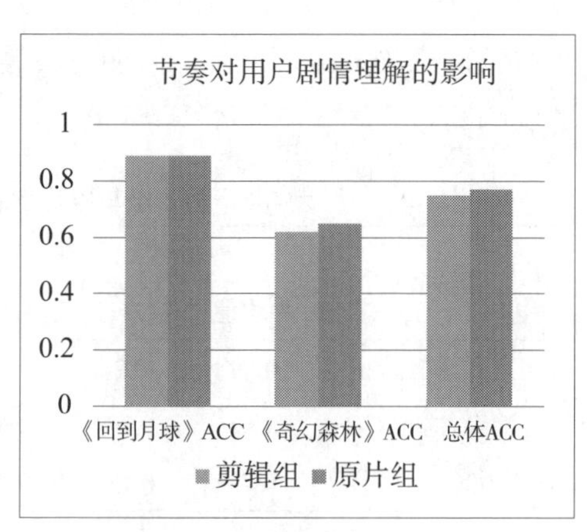

图6-12　节奏对用户影片记忆和剧情理解的影响

四、VR 影像节奏的叙事效果分析

综上所述，虚拟现实技术的介入使VR 影像呈现出新的特性，VR 影像呈现出一种去蒙太奇化的现象，导致电影的外部节奏由镜头组接转变为场景组接，镜头运动被减弱，外部节奏倾向于向内部节奏转变，呈现出与内部节奏合二为一的趋势，在沉浸式开场、关键情节点和转场等特定场景中节奏呈现出趋缓放慢的特性。

实验研究结果表明，VR 影像节奏的新特性对叙事效果产生了显著影响，在关键点的慢节奏能有效提高用户对于VR 影像内容的细节记忆，达到了更好的叙事效果。结合影片创作分析，沉浸式开场与转场的节奏设计起着关键作用，例如在开场中给予观众充足的时间熟悉场景，将自身融入故事世界，在叙事初期能很好地融入，降低视觉信息的遗漏范围，有利于影片整体的叙事传达。在转场的节奏设计中，往往采用较慢的节奏，一是为了减少场景转换给观众带来的不适；二是降低信息密度，给观众适当的休息时间。新的场景对于观众来说是新一轮的信息识别与认知，场景之间的衔接过于紧密会产生大量的信息，实验证明，观众会在这种信息密集中负荷过大，遗漏信息过多，使叙事效果大打折扣。缓慢的转场节奏更有利于观众对场景的适应和信息的捕捉，带来更好的观影体验。本结果表明VR 影像的沉浸式开场及转场的节奏调节是达到较好叙事效果的可行方法，对VR 影像的创作有着重要的参考价值。

VR 影像作为一门新兴的数字媒体艺术，尽管在叙事语法上沿袭了银幕电影的部分叙事语法，如场面调度、视听引导手段等；在场景设计方面与戏剧空间设计也有相似之处，如观众与舞台在一个空间内，观众能看到整个场景和空间[①]，在交互设计方面与游戏设计有着密切关联，但VR 影像并非戏剧、电影或游戏的简单融合体，无论在制作、形式、内容创作、用户体验等方面都区别于其他艺术形态，VR 影像当前所呈现出的形态打破了传统电影视听语法的同时，也在重新构建全新的视觉表达方式。新的电影艺术形态趋向于打造

① 巴拉兹. 电影美学［M］. 何力，译.2 版. 北京：中国电影出版社，1986.

逼真的沉浸世界，驱使我们将新的技术与传统电影语言规律不断融合，探索VR 影像独特的艺术语言和艺术形态。在VR 影像创作中，应结合媒介的特殊属性，把握时间长度与内容强度的比例调节，探索更加适合新媒介的节奏表现，才能提升影片的叙事效果，给观众更好的观影体验。现阶段虚拟现实影像创作还处于试错阶段，对于虚拟现实影像的理论研究尚未成熟，本研究从媒介属性的变化对节奏特性进行分析，角度尚不全面，在节奏叙事效果研究方面，由于实验素材的限制，仅选取了两部影片从时间上进行节奏控制，节奏对于电影的叙事效果影响还有很多其他因素，日后需要纳入研究中。

现阶段，VR 仍在试错。本研究仅仅是对VR 影像就观众对其剧情理解与记忆方向的探索与尝试，尽管通过质性研究与量化研究相结合的研究方法，运用了电影学、传播学、符号学、社会学等相关理论为支撑进行探讨，但因为现实条件的限制，还有可以提升的细节部分。比如在质性研究部分，由于VR 理论体系尚不完善，本研究只能以现有相关理论，进行假设与论述的架构；在量化研究部分，因资源比较有限，仅选择《雨或晴》《回到月球》为实验素材，叙事对于观众的影响因素可能与影片本身风格有关，所以后续还需就不同形式及风格的素材进行相关实验，跟进论证。

第七章　总结与展望

VR影像是与科技发展密切相关的艺术形式，其独特的全景叙事空间拓展了影像表达的边界，也造就了其独特的叙事语言。虽然VR影像还处在起步与摸索阶段，但其对于其他领域（游戏、教育、医疗等）的呈现形式来说更为复杂，需要构建完整的叙事表达。随着技术与硬件设施的不断迭代，交互融合的VR影像必将会成为一种独特的视听艺术形式。

电影的实证研究中所采用的研究方法和研究角度对虚拟现实影像研究具有很好的参考价值。由于虚拟现实影像与传统的银幕电影在观影方式上有着很大差异，原有的电影视听规则是否仍适用于这种新型的电影观影模式？虚拟现实影像具备怎样的独特视听语言？尤其在叙事性影像的实际创作中，360度的自主性选择是否会给观众带来视觉干扰？什么样的观影体验对注意有积极影响？这些都是未来研究中需要关注的问题。该领域还有很多无法回答的问题。首先，我们缺乏对虚拟现实影像技术本身的冷静思考，例如在叙事性影像的呈现中，观众的注意力受到叙事内容的引导，比较集中，而虚拟现实技术因为360度的全景影像，可能会分散观众的注意力，影响电影的叙事效果，因此新兴技术如何有效地与传统电影相结合，如何发挥虚拟现实的技术优势，在增强受众观影体验的同时，有效引导观众的注意力，以避免观众视线自主选择带来的信息干扰，是电影创作中非常实际的一系列问题。其次，对于这种新兴技术和媒体对人的行为、心理的影响研究还远远不够。这种技术会对我们的行为和心理，乃至大脑功能和结构产生什么样的影响？产生哪些方面的影响？这种影响是短暂还是长久的？这些都是未知的。

任何现代科学技术的载体是人，因此科学客观地分析新兴技术对人类心理、行为的影响有着非常重要的价值，不能一味地盲从市场，而要对市场的发展有所引导，对这种颠覆性的新兴产业持有一种批判性的态度。本研究将发挥现有实验心理学方法的优势，结合市场热点，对虚拟现实影像这一新兴数字媒体形态的用户心理进行客观分析，所得研究结果将为虚拟现实影像的创作和拍摄提供更为科学客观的数据基础，也将有助于理解和提升这一新兴技术所带来的用户体验，并为心理学视知觉和情绪理论的发展提供参考依据。

俗话说“耳听为虚，眼见为实”，随着虚拟现实技术的出现，我们很难再做这样的断定。在虚拟现实世界里，人眼所见虽然不是真实的，但是我们的大脑却认为它是真实的，以至我们走在虚拟的悬崖边会害怕，在虚拟的太空环境下会有失重的感觉，在虚拟现实这种几近“真实”的视觉刺激条件下，人的视知觉加工以及情绪反应与真实情景下似乎并无差异。心理学研究者一直致力于在实验室场景内模拟或再现现实的真实场景，但是还没有一种技术能够像虚拟现实技术这般能够如此逼真地再现真实场景。这一新兴技术对于心理学研究也有着非常重要的价值，可以帮助心理学家在可控的“真实”情景中研究人的行为和反应。

VR 影像打破了常规电影的语言体系，所带来的不仅仅是观影媒介的改变，更是传统创作思维的革新与传统观影方式的转变，创作者的意图文本被形式本身消解。由于目前的VR 影像没有通行的视听语法，加之创作者从常规电影的习得经验是近乎无效的，从创作者的角度直接进行VR 影像本体分析比较困难，所以，本研究从用户心理的角度对VR 影像进行体验层面、情感层面、认知层面的探讨，分析观众如何体验、如何感知、如何认识VR 影像，分析VR 影像在情绪加工、剧情理解、记忆方面与传统影像艺术有什么不同，VR 影像 360 度的全景视域容易造成观众主视角信息量的流失，而信息量的缺失对观众在合理理解剧情方面产生了重要的影响，进一步影响了该叙事表达是否成功。适合VR 影像的视听语法究竟是如何的？VR 影像究竟该以何种手段进行叙事创作？从方法论的角度，从传统电影艺术到后电影，研究者再次重返交叉学科的研究路径，运用电影学、心理学、神经科学、传播学、计算科学等学科方法，聚焦影像艺术的媒介本体、艺术形态与媒介文化发展，为新媒介艺术的发展提供更开阔的研究视野和工具。

参考文献

中文文献

[1] 巴赞. 电影是什么？[M]. 崔君衍，译. 北京：文化艺术出版社，2008.

[2] 巴拉兹. 电影美学[M]. 何力，译.2 版. 北京：中国电影出版社，1986.

[3] 布拉德伯恩，萨德曼，万辛克. 问卷设计手册：市场研究、民意调查、社会调查、健康调查指南[M]. 赵锋，译. 2 版. 成都：重庆大学出版社，2010.

[4] 傅小兰. 情绪心理学[M]. 上海：华东师范大学出版社，2016.

[5] 贡布里希. 秩序感[M]. 杨思梁，徐一维，范景中，译. 南宁：广西美术出版社，2015.

[6] 彭聃龄. 普通心理学（修订版）[M]. 2 版. 北京：北京师范大学出版社，2001.

[7] 博格斯，皮特里. 看电影的艺术[M]. 张菁，郭侃俊，译. 北京：北京大学出版社，2010.

[8] 李恒基，杨远婴. 外国电影理论文选（修订本）：上册[M]. 北京：生活·读书·新知三联书店，2006.

[9] 常慧琴. 浅谈VR 与电影[J]. 现代电影技术，2016（4）.

[10] 丁妮，周雯. 虚拟现实艺术到来了吗？——试论VR 电影创作的视听语言与交互性[J]. 当代电影，2019（2）.

[11] 丁妮，丁锦红，郭德俊. 个体神经质水平对情绪加工的影响：事件相关电位研究[J]. 心理学报，2007，39（4）.

［12］丁妮，范笑竹. VR 影像叙事：虚拟空间创设、情境信息编码与受众身份认同［J］. 电影评介，2022（1）.

［13］丁妮，刘梅. 知名VR 影像创作工作室及作品探析［J］. 电影评介，2020（16）.

［14］杜鑫. VR 电影与传统电影的叙事差异分析［J］. 四川戏剧，2019（9）.

［15］冯锐，殷鹏. VR 电影的叙事方式与叙事逻辑创新［J］. 当代电影，2019（2）.

［16］黄朝斌. 当代电影视觉奇观与消费文化语境的趋同［J］. 电影文学，2015（3）.

［17］黄敏儿，郭德俊. 原因调节与反应调节的情绪变化过程［J］. 心理学报，2002，34（4）.

［18］姜荷. VR 虚拟现实技术下影像表现形式的可行性分析及对电影产业格局的冲击与挑战［J］. 当代电影，2016（5）.

［19］刘飞，蔡厚德. 情绪生理机制研究的外周与中枢神经系统整合模型［J］. 心理科学进展，2010（4）.

［20］刘育涛，梁力军，刘焱. VR 影视中的差异化注意力设置［J］. 中国广播电视学刊，2021（8）.

［21］马强. 论电影场景设计的美学风格［J］. 电影文学，2011（17）.

［22］史立成，郭宇. VR 影像语言的局限及发展的可能性探讨［J］. 装饰，2019（2）.

［23］田丰，傅婷辉，吴丽娜. 感知视角下VR 与传统电影视觉表达比较研究［J］. 电影艺术，2021（5）.

［24］万彬彬. 试论虚拟现实（VR）技术对纪录片发展的影响［J］. 现代传播（中国传媒大学学报），2016（10）.

［25］王珏. VR（虚拟现实）电影声音制作流程探析［J］. 现代电影技术，2017（1）.

［26］王楠. 基于具身视角的VR 电影场境叙事［J］. 当代电影，2018（12）.

［27］王素娟，张雅明. 空间存在：虚拟环境中何以产生身临其境之感？［J］. 心理科学进展，2018，26（8）.

［28］徐小萍，吕健，金昱潼，等. 用户认知驱动的VR自然交互认知负荷研究［J］. 计算机应用研究，2020，37（7）.

［29］于双娜，张旭. 谈电影的节奏［J］. 电影文学，2014（6）.

［30］张劲松. 类型电影中的意识形态机制、层次与策略［J］. 文艺争鸣，2010（16）.

［31］张强. 空间再造：VR 电影的跨媒介实践［J］. 当代电影，2018（8）.

［32］张莹，沈希辰. 浅谈VR 电影的声音设计思维［J］. 复旦学报（自然科学版），2017（2）.

［33］赵靓.《第二十二条军规》中的空间叙事效果［J］. 青年作家（下半月中外文艺版），2010（4）.

［34］赵雨辰. 艺术光晕的消失与重现：从仪式角度探究现当代艺术［J］. 美与时代：美学（下），2013（8）.

［35］周雯，徐小棠. 沉浸感与 360 度全景视域：VR 全景叙事探究［J］. 当代电影，2021（8）.

［36］朱晓娟. 论影视动画的场景造型与场景空间［J］. 电影文学，2012（23）.

［37］龙迪勇. 空间叙事学［D］. 上海：上海师范大学，2008.

［38］张文杰. 艺术“裂变”时代的美学——从艺术转型角度来阐释本雅明的艺术理论与文化美学思想［D］. 上海：复旦大学，2009.

英文文献

［1］CERNEY M M，VANCE J M，ADAMS D C. From gesture recognition to functional motion analysis：quantitative techniques for the application and evaluation of human motion［M］. Iowa：Iowa State University，2005.

［2］DUCHOWSKI A T. Eye tracking methodology：theory and practice［M］.3rd ed. London：Springer-verlag，2017.

[3] FURHT B. Encyclopedia of multimedia [M] .2nd ed. Berlin：Springer，2008.

[4] IZARD C E. Human Emotions [M] . New York：Plenum Press，1977.

[5] IZARD C E. The psychology of emotions [M] . New York：Plenum Press，1991.

[6] TULVING E. Elements of episodic memory [M] . Oxford：Oxford University Press，1983.

[7] BROADBENT D E. Perception and communication [M] . New York：Pergamon Press，1958.

[8] BRADLEY M M，LANG P. The international affective picture system (IAPS) in the study of emotion and attention [J] . Handbook of emotion elicitation and assessment，2007，29.

[9] ANDERSON J R，BOTHELL D，DOUGLASS S. Eye movements do not reflect retrieval processes：limits of the eye-mind hypothesis [J] . Psychological science，2004，15 (4) .

[10] STEINDORF L，RUMMEL J. Do your eyes give you away? a validation study of eye-movement measures used as indicators for mindless reading [J] . Behavior research methods，2020，52 (1) .

[11] ANDERSSON R，NYSTRÖM M，HOLMQVIST K. Sampling frequency and eye-tracking measures：how speed affects durations，latencies，and more [J] . Journal of eye movement research，2010，3 (3) .

[12] ATHERTON S，ANTLEY A，EVANS N，et al. Self-confidence and paranoia：an experimental study using an immersive virtual reality social situation [J] . Behavioural and cognitive psychotherapy，2016，44 (1) .

[13] BAHILL A T，CLARK M R，STARK L. The main sequence，a tool for studying human eye movements [J] . Mathematical biosciences，1975，24 (3/4) .

[14] BAUMGARTNER T，VALKO L，ESSLEN M，et al. Neural correlate of spatial presence in an arousing and noninteractive virtual reality：an EEG and

psychophysiology study [J] . Cyberpsychology & behavior，2006，9 (1) .

[15] BELL C. On the motions of the eye，in illustration of the uses of the muscles and nerves of the orbit [J] . Philosophical transactions of the Royal Society of London，1823 (113) .

[16] BINNIE C D，PRIOR P F. Electroencephalography [J] . Journal of neurology，neurosurgery & psychiatry，1994，57 (11) .

[17] BIOCCA F. The cyborg's dilemma：progressive embodiment in virtual environments [J] . Journal of computer-mediated communication，1997，3 (2) .

[18] BOAS D A，ELWELL C E，FERRARI M，et al. Twenty years of functional near-infrared spectroscopy：introduction for the special issue [J] . Neuroimage，2014，85 (1) .

[19] BOGDANOVA I，BUR A，HÜGLI H，et al. Dynamic visual attention on the sphere [J] . Computer vision and image understanding，2010，114 (1) .

[20] BRADLEY M M，CODISPOTI M，CUTHBERT B N，et al. Emotion and motivation I：defensive and appetitive reactions in picture processing [J] . Emotion，2001，1 (3) .

[21] ABRAMS R A，MEYER D E，KORNBLUM S. Speed and accuracy of saccadic eye movements：characteristics of impulse variability in the oculomotor system [J] . Journal of experimental psychology：human perception and performance，1989，15 (3) .

[22] BRUNER J S，POSTMAN L. On the perception of incongruity：a paradigm [J] . Journal of personality，1949，18 (2) .

[23] CASULA E P，TARANTINO V，BASSO D，et al. Low-frequency rTMS inhibitory effects in the primary motor cortex：insights from TMS-evoked potentials [J] . Neuroimage，2014，98.

[24] CLARKE A D F，MAHON A，IRVINE A，et al. People are unable to recognize or report on their own eye movements [J] . Quarterly journal of experimental psychology (QJEP)，2017，70 (11) .

[25] DEMENT W，KLEITMAN N. The relation of eye movements during sleep to dream activity：an objective method for the study of dreaming [J]. Journal of experimental psychology，1957，53（5）.

[26] DOELLER C F，BARRY C，BURGESS N. Evidence for grid cells in a human memory network [J]. Nature，2010，463（7281）.

[27] EKMAN P. Facial expression and emotion [J]. American psychologist，1993，48（4）.

[28] FARRELL M J，ARNOLD P，PETTIFER S，et al. Transfer of route learning from virtual to real environments [J]. Journal of experimental psychology：applied，2003，9（4）.

[29] FERRARI M，BISCONTI S，SPEZIALETTI M，et al. Prefrontal cortex activated bilaterally by a tilt board balance task：a functional near-infrared spectroscopy study in a semi-immersive virtual reality environment [J]. Brain topography，2014，27（3）.

[30] FOO P，WARREN W H，DUCHON A，et al. Do humans integrate routes into a cognitive map? map-versus landmark-based navigation of novel shortcuts [J]. Journal of experimental psychology：learning，memory，and cognition，2005，31（2）.

[31] FOREMAN N. Virtual reality in psychology [J]. Themes in science and technology education，2009，2（1）.

[32] FRANK L H，CASALI J G，WIERWILLE W W. Effects of visual display and motion system delays on operator performance and uneasiness in a driving simulator [J]. Human factors，1988，30（2）.

[33] GALIMBERTI C，RIVA G. Towards cyberpsychology：mind，cognitions and society in the internet age. Amsterdam：IOS Press，2001.

[34] GIANAROS P J，MUTH E R，MORDKOFF J T，et al. A questionnaire for the assessment of the multiple dimensions of motion sickness [J]. Aviation，space，and environmental medicine，2001，72（2）.

[35] GOLDING J F. Motion sickness susceptibility questionnaire revised and

its relationship to other forms of sickness [J] . Brain research bulletin，1998，47 (5) .

[36] GORINI A，RIVA G. Virtual reality in anxiety disorders：the past and the future [J] . Expert review of neurotherapeutics，2008，8 (2) .

[37] GROSS J J，LEVENSON R W. Emotional suppression：physiology，self-report，and expressive behavior [J] . Journal of personality and social psychology，1993，64 (6) .

[38] HARTMANN T，WIRTH W，SCHRAMM H，et al. The spatial presence experience scale (SPES)：a short self-report measure for diverse media settings [J] . Journal of media psychology：theories，methods，and applications，2016，28 (1) .

[39] HEEGER D J，RESS D. What does fMRI tell us about neuronal activity? [J] . Nature reviews neuroscience，2002，3 (2) .

[40] HEGARTY M，WALLER D A. Individual differences in spatial abilities [M] . Cambridge：Cambridge University Press，2005.

[41] IZARD C E. Emotion theory and research：highlights，unanswered questions，and emerging issues [J] . Annual review of psychology，2009，60.

[42] JANZEN G，WESTSTEIJN C G. Neural representation of object location and route direction：an event-related fMRI study [J] . Brain research，2007，1165.

[43] JUST M A. CARPENTER P A. A theory of reading：from eye fixations to comprehension [J] . Psychological review，1980，87 (4) .

[44] KENNEDY R S，LANE N E，BERBAUM K S，et al. Simulator sickness questionnaire：an enhanced method for quantifying simulator sickness [J] . The international journal of aviation psychology，1993，3 (3) .

[45] KIM H K，PARK J，CHOI Y，et al. Virtual reality sickness questionnaire (VRSQ)：motion sickness measurement index in a virtual reality environment [J] . Applied ergonomics，2018，69.

[46] KIM H K，RATTNER D W，SRINIVASAN M A. Virtual-reality-based

laparoscopic surgical training：the role of simulation fidelity in haptic feedback ［J］. Computer aided surgery，2004，9（5）.

［47］ZELTZER D. Autonomy，interaction，and presence［J］. Presence：teleoperators and virtual environments，1992，1（1）.

［48］LAMB R，ANTONENKO P，ETOPIO E，et al. Comparison of virtual reality and hands on activities in science education via functional near infrared spectroscopy［J］. Computers & education，2018，124.

［49］COAN J A，ALLEN J J B. Handbook of emotion elicitation and assessment［M］. New York：Oxford University Press，2007.

［50］LANG P J. The emotion probe：studies of motivation and attention ［J］. American psychologist，1995，50（5）.

［51］LARRUE F，SAUZEON H，WALLET G，et al. Influence of body-centered information on the transfer of spatial learning from a virtual to a real environment［J］. Journal of cognitive psychology，2014，26（8）.

［52］LARSEN R J，DIENER E. Promises and problems with the circumplex model of emotion［J］. Review of personality and social psychology，1992（13）.

［53］LEE K M. Presence，explicated［J］. Communication theory，2004，14（1）.

［54］LEWIS D. The CAVE artists［J］. Nature medicine，2014，20（3）.

［55］LOMBARD M，DITTON T. At the heart of it all：the concept of presence［J］. Journal of computer-mediated communication，1997，3（2）.

［56］MAILLOT P，DOMMES A，DANG N-T，et al. Training the elderly in pedestrian safety：transfer effect between two virtual reality simulation devices ［J］. Accident analysis & prevention，2017，99（2）.

［57］MANDAL S. Brief introduction of virtual reality & its challenges［J］. International journal of scientific & engineering research，2013，4（4）.

［58］MONTEIRO P，GONÇALVES G，COELHO H，et al. Hands-free interaction in immersive virtual reality：a systematic review［J］. IEEE transactions on visualization and computer graphics, 2021, 27 (5).

[59] MUNAFO J, DIEDRICK M, STOFFREGEN T A. The virtual reality head-mounted display Oculus Rift induces motion sickness and is sexist in its effects [J]. Experimental brain research, 2017, 235 (3).

[60] NEWMAN E L, CAPLAN J B, KIRSCHEN M P, et al. Learning your way around town: how virtual taxicab drivers learn to use both layout and landmark information [J]. Cognition, 2007, 104 (2).

[61] NI D, WEN Z, FUNG A Y H. Emotional effect between cinematic VR compared with traditional 2D film [J]. Telematics and informatics, 2018, 35 (6).

[62] NORMAN D. Emotion & design: attractive things work better [J]. Interactions, 2002, 9 (4).

[63] ORTUÑO-SIERRA J, SANTARÉN-ROSELL M, DE ALBENIZ P A, et al. Dimensional structure of the spanish version of the positive and negative affect schedule (PANAS) in adolescents and young adults [J]. Psychological assessment, 2015, 27 (3).

[64] PANAIT L, AKKARY E, BELL R L, et al. The role of haptic feedback in laparoscopic simulation training [J]. Journal of surgical research, 2009, 156 (2).

[65] PARSONS T D, RIVA G, PARSONS S, et al. Virtual reality in pediatric psychology [J]. Pediatrics, 2017, 140 (Suppl 2).

[66] PLANCHER G, GYSELINCK V, NICOLAS S, et al. Age effect on components of episodic memory and feature binding: a virtual reality study [J]. Neuropsychology, 2010, 24 (3).

[67] RAYNER K. Eye movements in reading: models and data [J]. Journal of eye movement research, 2009, 2 (5).

[68] REGGENTE N, ESSOE J K-Y, AGHAJAN Z M, et al. Enhancing the ecological validity of fMRI memory research using virtual reality [J]. Frontiers in neuroscience, 2018, 12.

［69］REISENZEIN R，SPIELHOFER C. Subjectively salient dimensions of emotional appraisal［J］. Motivation and emotion，1994，18（1）.

［70］RIVA G，DAVIDE F，IJSSELSTEIJN W. Being there：concepts，effects and measurement of user presence in synthetic environments. Amsterdam：Ios Press，2003.

［71］RIVA G，MANTOVANI F，CAPIDEVILLE C S，et al. Affective interactions using virtual reality：the link between presence and emotions［J］. Cyberpsychology & behavior，2007，10（1）.

［72］ROLFS M. Attention in active vision：a perspective on perceptual continuity across saccades［J］. Perception，2015，44（8/9）.

［73］RUDDLE R A，VOLKVE E，BÜLTHOFF H H. Learning to walk in virtual reality［J］. ACM transactions on applied perception，2013，10（2）.

［74］RUGGIERO T E. Uses and gratifications theory in the 21st century［J］. Mass communication & society，2000，3（1）.

［75］RUSSELL J A. A circumplex model of affect［J］. Journal of personality and social psychology，1980，39（6）.

［76］RYAN M-L. Immersion vs. interactivity：virtual reality and literary theory［J］. Substance，1999，28（2）.

［77］SAGNIER C，LOUP-ESCANDE E，LOURDEAUX D，et al. User acceptance of virtual reality：an extended technology acceptance model［J］. International journal of human–computer interaction，2020，36（11）.

［78］SANCHEZ-VIVES M V，SLATER M. From presence to consciousness through virtual reality［J］. Nature reviews neuroscience，2005，6（4）.

［79］SCHAEFER A，NILS F，SANCHEZ X，et al. Assessing the effectiveness of a large database of emotion-eliciting films：a new tool for emotion researchers［J］. Cognition and emotion，2010，24（7）.

［80］SCHUBERT T W. The sense of presence in virtual environments：a three-component scale measuring spatial presence，involvement，and realness［J］. Zeitschrift für medienpsychologie，2003，15（2）.

［81］SERAGLIA B，GAMBERINI L，PRIFTIS K，et al. An exploratory fNIRS study with immersive virtual reality：a new method for technical implementation［J］. Frontiers in human neuroscience，2011，5.

［82］SHAO G S. Understanding the appeal of user-generated media：a uses and gratification perspective［J］. Internet research，2009（1）.

［83］GALLAGHER S. Understanding interpersonal problems in autism：interaction theory as an alternative to theory of mind［J］. Philosophy，psychiatry，and psychology，2004，11（3）.

［84］SHERIDAN T B. Musings on telepresence and virtual presence［J］. Presence：teleoperators and virtual environments，1992，1（1）.

［85］SLATER M，SANCHEZ-VIVES M V. Enhancing our lives with immersive virtual reality［J］. Frontiers in robotics and AI，2016，3（1）.

［86］SMITH A S. Virtual reality in episodic memory research：a review［J］. Psychonomic bulletin & review，2019（26）.

［87］SQUIRE L R. Memory systems of the brain：a brief history and current perspective［J］. Neurobiology of learning and memory，2004，82（3）.

［88］STEUER J. Defining virtual reality：dimensions determining telepresence［J］. Journal of communication，1992，42（4）.

［89］SWANSON H L. Information processing theory and learning disabilities：an overview［J］. Journal of learning disabilities，1987，20（1）.

［90］TARR M J，WARREN W H. Virtual reality in behavioral neuroscience and beyond［J］. Nature neuroscience，2002，5（11）.

［91］TREISMAN A M. Selective attention in man［J］. British medical bulletin，1964，20（1）.

［92］TUCCITTO D E，GIACOBBI P R，LEITE W L. The internal structure of positive and negative affect：a confirmatory factor analysis of the PANAS［J］. Educational and psychological measurement，2010，70（1）.

［93］TULVING E. How many memory systems are there?［J］. American psychologist，1985，40（4）.

［94］ANIRUDH U，KLAS I，MEIKE J，et al. Assessing the driver's current level of working memory load with high density functional near-infrared spectroscopy：a realistic driving simulator study［J］. Frontiers in human neuroscience，2017，11.

［95］VATAVU R-D，PENTIUCȘ-G，CHAILLOU C. On natural gestures for interacting in virtual environments［J］. Advances in electrical and computer engineering，2005，24（5）.

［96］WATSON D，CLARK L A，TELLEGEN A. Development and validation of brief measures of positive and negative affect：the PANAS scales［J］. Journal of personality and social psychology，1988，54（6）.

［97］WIRTH W，HARTMANN T，BÖCKING S，et al. A process model of the formation of spatial presence experiences［J］. Media psychology，2007，9（3）.

［98］WIRTH W，HOFER M，SCHRAMM H. The role of emotional involvement and trait absorption in the formation of spatial presence［J］. Media psychology，2012，15（1）.

［99］WITMER B G，SINGER M J. Measuring presence in virtual environments：a presence questionnaire［J］. Presence：teleoperators and virtual environments，1998，7（3）.

［100］WONG C W，OLAFSSON V，PLANK M，et al. Resting-state fMRI activity predicts unsupervised learning and memory in an immersive virtual reality environment［J］. Plos one，2014，9（10）.

［101］ZAHORIK P，JENISON R L. Presence as being-in-the-world［J］. Presence：teleoperators and virtual environments，1998，7（1）.

［102］KNORR S，OZCINAR C，FEARGHAIL C O，et al. Director's cut：a combined dataset for visual attention analysis in cinematic VR content［C］// Proceedings of the 15th ACM SIGGRAPH European Conference on Visual Media Production. London：ACM，2018.

［103］FEASEL J，WHITTON M C，WENDT J D. LLCM-WIP：Low-latency，continuousmotion walking-in-place［C］//Proceedings of 2008 IEEE

Symposium on 3D User Interfaces.Reno：IEEE，2008.

[104] MÜTTERLEIN J.The three pillars of virtual reality? Investigating the roles of immersion，presence，and interactivity [C] //Proceedings of the 51st Hawaii International Conference on System Sciences（HICSS）. 2018.

[105] SONNTAG D，ORLOSKY J，WEBER M，et al. Cognitive monitoring via eye tracking in virtual reality pedestrian environments [C] // Proceedings of the 4th international symposium on pervasive displays.Saarbrücken：ACM，2015.

[106] HASSENZAHL M. User experience（UX）：towards an experiential perspective on product quality [C] //Proceedings of the 20th Conference on l' Interaction Homme Machine.New York：ACM，2008.